ゼロから始める R

四則演算から多変量解析まで

兼子 毅 著

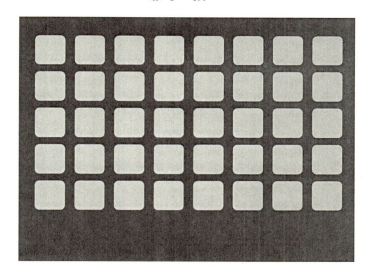

日科技連

まえがき

　筆者が初めて R に出会ったのは，今から 20 年くらい前，武蔵工業大学（現・東京都市大学）で統計関連の講義を持つようになったときでした．そのとき，演習などのお手伝いをしてくれる技術職員の三田村二郎氏（故人）から，「こんなのがあるよ」と教えてもらったのが R でした．記憶があいまいですが，当時のバージョンは 0.6.0 くらいではなかったかと思います．不具合などもありましたが，とにかく簡単に逆行列や固有値などを求めることができます．無料で配布されているので，学生にも負担を強いることなく使ってもらうことができます．理論を教えることしかできなかった多変量解析の講義で，実際のデータを使った分析をパソコンでできます．20 世紀最後の年（2000 年）に記念すべき R 1.0.0 がリリースされました．その後順調に開発が進み，2013 年には R 3.0.0 がリリースされました．統計の分野においても標準的な分析環境の地位を確かなものにし，統計学者を中心に多くのファンが集まってきました．

　拡張性が高く，慣れてしまえばとても使いやすい（はずの）R ですが，最大の欠点は，その「とっつきの悪さ」です．Windows のような GUI 環境に慣れている人たちにとって，R を起動するといきなり現れる DOS のようなコンソール画面は，寄るな，触るな，と無言のうちに凄んでいるかのようです．レポート作成のためにワープロを多用する学生にしてみれば，キーボードから文字入力をすること自体はあまり抵抗感がありません．しかし，ゲームしかしたことがない，というような新入生の場合，キーボードから所望の文字を探すことから始めなければなりません．

　この本は，自分で分析できることを増やしたい，広げたいと感じている，パソコン初心者のために書きました．お金はあまりないけど，やる気は十分あるぞ，という統計の初学者のために書きました．きっと読者が本当にやりたいことは，この本の先にあります．ですが，一度 R という世界に

まえがき

　飛び込んでしまえば，そこに広がるのは，最先端の統計的データ分析環境です．共分散構造分析って凄そうだけど？　はい，Rでできます．データマイニングとかディープラーニングとかは？　はい，最近できる環境がそろってきました．最近またベイズという名前を聞くようになってきたけど？　はい，いわゆるベイズ統計学と呼ばれる各種の推論も，Rでおおよそカバーしています．

　マウスをクリックして分析を進めていくようなアプリケーションは，確かに大変使いやすいものです．しかしながら，分析の流れとユーザ・インタフェースには強い関連性があるため，新しい手法を簡単に追加する，などということは結構難しい．ちょっとした機能拡張のたびに，お金をとられてしまいます．Rのようなコマンド入力型であれば，必要なパラメータが一つ増える，すなわち，オプションを1つ余分に付ける，という具合に簡単に指定することができます．しかも，すべてのオプションを指定する必要すらありません．指定されなかったオプションは，あらかじめ標準的な値が指定されたと解釈して，計算してくれます．これもRならではの融通性の高さです．

　世の中には，Rのとっつきの悪さをGUIでカバーしようと目論んでいるプロジェクトがあります．それも一つの解だと思っています．ですが，あらゆる統計手法を飲み込む勢いのRからすると，無理やり小さな枠に押さえつけているようにも見えます．筆者は，あえて「裸のR」を使っていただくという方向を選びました．前者は「初期導入コスト」は低いが「拡張性」に欠ける，後者は「初期導入コスト」はかなり高めだが「拡張性」はほぼ無限大．どちらが良いソリューションなのかは，読者によって違うのだと思います．選択の自由があることこそ素晴らしい．だから，この本を書きました．

　多くの人が，Rとの旅のはじめの一歩を踏み出すことを願って．

2015年10月15日

兼子　毅

ゼロから始めるR
四則演算から多変量解析まで

目 次

まえがき………iii

第1章
そもそもRってなんだ?………1
1.1　Rの呪文(コマンド)………1
1.2　Rの特徴………3

第2章
Rをダウンロードして,インストールしてみよう………7
2.1　Rのダウンロード………7
2.2　Rのインストール………14
 2.2.1　WindowsでのRのインストール………14
 2.2.2　Mac OSでのRのインストール………21

第3章
まずは簡単な計算をしてみよう………29
3.1　四則演算………29
3.2　関数を使ってみよう………43
3.3　応用問題:割り勘の計算………45

v

目次

第4章
簡単な統計分析をしてみよう………49

4.1　まずは変数に慣れる………49

　4.1.1　変数を使う………50

　4.1.2　変数を使う【上級者向け】………56

　4.1.3　行列データの入力………57

　4.1.4　行列データの入力【上級者向け】………64

4.2　平均………66

4.3　分散………71

4.4　相関係数………76

第5章
簡単なグラフを描いてみよう………83

5.1　ヒストグラム………83

5.2　散布図………88

第6章
データをファイルから読み込んでみよう………91

6.1　「メモ帳」を使ってデータを入力してみよう………92

6.2　「Excel」を使ってデータを入力してみよう………98

6.3　Rによるデータの解析………107

第7章
あなたにもできる多変量解析………113

7.1 クラスター分析………113

7.2 主成分分析………118

7.3 対応分析………121

7.4 回帰分析………126

付録　本書で紹介したRのコマンド………127

あとがき………129

索引………131

装丁・本文デザイン＝さおとめの事務所

第1章
そもそもRってなんだ？

1.1 Rの呪文（コマンド）

　統計処理に必要な計算をしたり，その結果をきれいなグラフで表示させたりするときに，無料で簡単に使うことができる，Rというソフトウェアをたくさんの人に使ってほしいと思ってこの本を書いています．どれくらい簡単なのでしょうか．例えば，Xと名前をつけた入れ物の中に，データが入っているとします．「名前をつけた入れ物？何それ？」と思うかもしれません．詳しいことは，後ほどきちんと説明します．今は，データが袋に入っていて，その袋にXと名前をつけた，というくらいのイメージでかまいません．さて，Xの平均を計算してみましょう．Rに向かって呪文を唱えるだけで計算してくれます．

　　　　　mean(X)

meanとは，英語で「平均」のことです．ですから，上に書いた呪文を日本語訳すると，

　　　　　平均(X)

となります．簡単でしょう？　では，Xの分散を求めたいときには？

　　　　　var(X)

「分散」を英語で言うと，varianceです．さすがに呪文としては長いので，頭の三文字だけを取ってきました．では，標準偏差を計算したいときにはどうすればよいでしょうか？　標準偏差は分散の平方根だ，と教わったと思います．

　　　　　sqrt(var(X))

「平方根」を英語で言うと，square rootです．これも長いので，sqrtと省略しました．上の呪文を日本語に直すと，

1

$$\sqrt{\text{X の分散}}$$

となります．実は，いきなり標準偏差を計算する呪文もあります．

sd(X)

「標準偏差」を英語で言うと，standard deviation です．この頭文字をとって，呪文にしました．

このように，R は，データを用意すると，簡単な呪文を唱えるだけで，統計処理に必要なさまざまな計算を瞬時に行ってくれます．こうした呪文のことを「コマンド」といいます．

計算だけではありません．グラフも描けます．X のヒストグラムを描いてみたい？　では，以下の呪文を唱えてください．

hist(X)

もうおわかりですね．ヒストグラムの英語の綴りは histogram です．これが呪文の元になっています．散布図はどうでしょう？

plot(X)

散布図に打点するとき，「プロットする」といいませんか？　この「プロット」の英語の綴りは plot です．これが呪文の由来です．

いかがでしょうか？　呪文さえ覚えれば，いろいろなことができそうな気がしてきませんか？　そう，「呪文さえ覚えれば」，です．これが R の強みでもあり，R のとっつきにくさでもあります．入門したての魔法使いは，簡単な，いくつかの呪文しか使えません．ですから，R でできることにも限りがあります．修行を積み，たくさんの呪文を覚えていくと，それだけできることが増えていきます．

では，修行を積んで免許皆伝の魔法使いになると，どれくらいのことができるようになるのでしょう？　実は，世界中の統計学者が，毎日のように新しい統計手法やデータ分析の手法を開発しています．それらが，毎日のように R で使える呪文として提供されているのです．ですから，できることは「無限」というのが正解です．修行に終わりはない，ということです．

R の歴史を簡単にご紹介しておきましょう．1991 年頃，ニュージーランド・オークランド大学の Ross Ihaka と Robert Gentleman の 2 人が，

研究室のコンピュータでデータ処理を対話的に行うシステムの開発をはじめ，1993年8月に，Rの原型となるシステムが公開されました．わずか1000行程度のプログラムだったそうですが，今のRの主な特徴が実現されていたとのことです．

多くの統計学者やプログラマが，シンプルで拡張性の高いRに魅せられ，その開発に関わるようになります．新しい呪文を提供することはもちろんですが，プログラムの不具合を報告することも立派な貢献とみなされます．世界中の人たちの協力の下，少しずつ開発が進み，2000年2月に，記念すべきバージョン1.0.0が公開されました．その後も開発が続けられ，2013年にはバージョン3.0.0が公開されました．

今では，統計に詳しい人たちの必携ソフトウェアとなっています．シンプルで高速，拡張性が高く，慣れるまでは大変だが，慣れてしまうと手に馴染む，手放せない，そういう道具です．

1.2　Rの特徴

最後にRの特徴を，もう一度整理しておきます．
1) データ解析や統計処理を行うために開発されたシステム．データの取り扱いが非常に柔軟で，便利．
2) 定型処理を行うというよりは，あれをしてみたらどうなるだろう，これはどうかな，という「対話的な処理」を前提としたシステム．
3) 多数のコマンド(呪文)が標準で用意されており，大抵の処理は1つのコマンドを実行すれば可能．
4) データや解析結果を簡単にグラフ化することができる．オプションを使いこなすと，きわめて表現力の高いグラフを簡単に描くことができる．
5) 多数のサンプル・データが内蔵されているため，手法の勉強や，手法同士の比較などの際，簡単に試してみることができる．
6) 特定の目的に特化したパッケージが多数公開されており，パッケージを導入すると，新しいコマンドを自在に増やしていくことができ

る．パッケージ自体が日々強化，追加されている．
7)　インストールしてすぐに使える実行形式も，プログラムのソース・コードも，すべて無料で配布されている．しかも，特定の企業ではなく，世界中の人たちの共同作業で作られている．だからこそ，永続的に使い続けることができ，新しいOSなどにも迅速に対応できる．無料で利用できるため，個人はもちろん，予算的に厳しい大学や企業などの組織であっても常に最新バージョンを使い続けることができる．

　最後の特徴，つまり，フリーでオープン・ソースである，ということは，企業内部での利用を考えたとき，実はきわめて有利に働きます．この辺りの話は，この本で取り上げたい話題とは直接関係ありませんので省略します．ですが，現場の人たちにも，パソコンを自由に使ってもらって，データ分析をしたりグラフ化をしたりする文化を根付かせたいとお考えでしたら，Rのようなソフトウェアの採用をじっくり検討することをお勧めします．

　呪文の修行の前に，もっと厄介なことがあります．それは魔法学校への入学手続きです．Rを使いたいと思った人は，自由に，無料でダウンロードすることができます．その，ダウンロードするためのWebサイトは英語で書かれています．簡単な説明もそこには書かれていますが，すべて英語です．Rがダウンロードできれば，インストール自体は簡単にできます．実際にRを起動してみると，「呪文を入力する」真っ白な画面が出てくるだけです．今までの話でなんとなくわかっていただいたと思いますが，呪文はすべて英語が元になっています．しかも，適当に省略されていたりするので，やりたいことを実現するための呪文を見つけるまで一苦労です．何をすればよいのかわからないので，ヘルプを眺めてみると，それも英語で書かれています．どうでしょうか．もうこれだけで「使い方がわからない」と諦めてしまいそうな気がしませんか．

　この本は，そのような人たちのガイドブックとして使ってもらいたいと思って書かれています．英語が堪能な人は，「中学の英語をきちんと勉強しておけば，海外旅行ぐらいなら困らない英語力が身につく」「基本的な

単語をしっかり覚えておけば，なんとなく意味が通じる」というようなことを言います．Rも同じです．「習うより慣れろ」です．しかし，この本を手にとった方のほとんどは，「免許皆伝の魔法使い」になろうと思っているわけではないでしょう．自分の仕事に役立つ程度の魔法が使えたら，と思っているのではないでしょうか．この本は，魔法使いの仮免許がもらえるまでの教則本と思ってください．仮免許が取れたら，いろいろな呪文を，自分の身の回りのデータに使ってみてください．おもしろいなと思ったら，周りの仲間にも簡単な呪文を教えてあげてください．電卓を叩いているだけでは気がつかなかったことが，たくさん見つかると思います．

第2章
Rをダウンロードして，インストールしてみよう

　それではこれから，Rと一緒に魔法使いの仮免許取得までの旅を始めましょう．何はともあれ，Rをパソコンにインストールしなければ何も始まりません．

2.1　Rのダウンロード

用意するもの
1) パソコン：Windowsでもよいし，Macでもかまいません．ご自分でソフトウェアをインストールすることが許されていればよいです．本書の読者にUbuntuなどのLinux使いの人はほとんどいないと思いますので，Linux上へのインストールの説明は省略します．
2) ハードディスクの容量：最低でも200MBくらいの空き容量が残っていること．
3) インターネット接続：インストールに必要なプログラムをダウンロードするために必要です．通信速度が早いほうが，もちろん快適です．
4) パソコンをそこそこ使える能力：「ブラウザを起動してください」と言われて，何をすればよいのかまったくわからない，という人だと，さすがに厳しいです．

あると便利なもの
1) タッチタイピングの技術：第1章でも触れましたが，Rはコマンド（呪文）をキーボードから打ち込みます．キーボード恐怖症の人は，すぐに嫌になってしまうかもしれません．タッチタイピングとは，キーボードを見ないで，キー入力することです．筆者の経験ですが，1日

1時間，10日～2週間の練習で，誰でもタッチタイピングがそこそこのスピードでできるようになります．海外のビジネスマンには，両手の人差し指だけで，ものすごく速いスピードで入力できる人もいますから，あまりこだわらなくてもかまいませんが．

2) 英語力：これから訪れる場所は，すべて英語で書かれています．まったく英語がわからない人でも大丈夫なようにガイドしますが，ご自分で少しでも意味がわかると，よりストレスを感じないと思います．

それでは，ブラウザを起動し，「CRAN」を検索してください．図2.1のような結果が表示されると思います．

「The Comprehensive R Archive Network」という項目を探してください．もし，キーボードからの入力があまり苦手ではない，という人は，直接URL「http://cran.r-project.org/」を入力しても構いません．ここがすべての出発点となります．では，さっそくクリックして見ましょう．英語のページ(図2.2)が出てきますが，あわてないでください．

すぐにダウンロードを始めてもよいのですが，その前に，このような無料のソフトウェアを使うときのマナーを1つ．画面左側に「Mirrors」と

図2.1　「CRAN」の検索結果画面

2.1 Rのダウンロード

書かれたリンクがあります．これをクリックしてみてください．図2.3のようなページが表示されると思います．

どうやら国の名前がアルファベット順にズラリと出ているようです．画

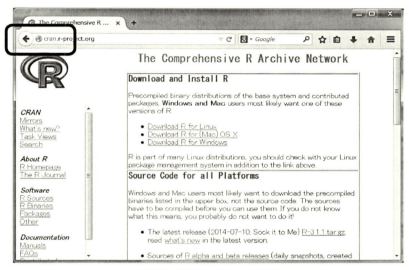

図 2.2　CRANのトップ画面

図 2.3　CRAN　Mirrors

第2章 Rをダウンロードして、インストールしてみよう

面を下の方にスクロールしてみてください(図2.4).

日本が出てきましたね．原稿執筆時点では3つのリンクがありました．ローマ字で書いてありますが，上から「兵庫教育大学」「統計数理研究所，

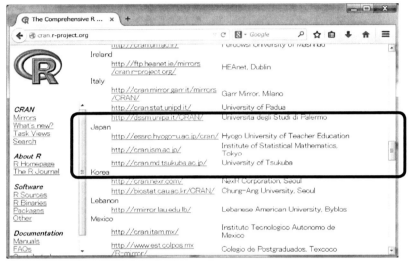

図2.4　CRAN　Mirrors(その2)

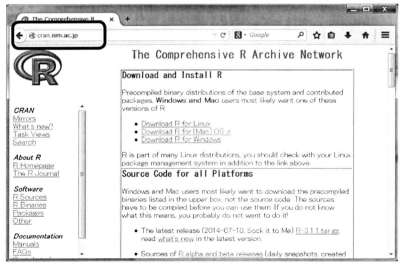

図2.5　CRANのトップ画面(統計数理研究所のミラー)

東京」「筑波大学」の３つです．どれでもよいですから，クリックしてみましょう．筆者は東京在住なので，２番目の「統計数理研究所，東京」をクリックすることにします．

　図 2.2 の CRAN トップ画面とまったく同じ画面が出てきました(図 2.5)．左上のアドレスを見てみると，図 2.2 の「http://cran.r-project.org/」ではなく，「http://cran.ism.ac.jp/」となっていることがわかると思います．このように，本家とまったく同じ内容をコピーしたサイトのことを「ミラー（鏡）」といいます．R を配布する CRAN は，図 2.3 でわかるように，世界中に「ミラー」を設置しています．サーバやネットワークの負荷を分散させるために，このような「ミラー」の仕組みを使っているのです．本家と「ミラー」は自動的に中身を同期させているので，どの「ミラー」を利用しても，同じ画面，同じ中身です．R をダウンロードするときには，できるだけご自分の身近にある「ミラー」を利用するように心がけてください．例えば，海外の現地工場で R をダウンロードしたければ，その国にある，あるいは近隣の国の「ミラー」を利用しましょう．それぞれの国のインターネットの状況にもよるので一概には言えませんが，遠く太平洋や大西洋，南シナ海やインド洋の向こうからダウンロードするよりは，短い時間で終わると思います．できれば，お気に入りに自分の選んだ「ミラー」を登録しておいてください．なお，これらの「ミラー」は，自分の国の人たちに R を普及させたいという気持ちから，無料で，まさしくボランティアで設置されているものです．お気に入りに「ミラー」を登録するとき，一言，感謝の言葉を発してください．相手にその声が届かなくても，その気持が，フリーソフトの開発や普及の原動力です．

　これ以降の説明では，みなさんが選んだ「ミラー」のトップ画面が表示されている，という前提で進めていきます．

　では，R をダウンロードしましょう．「Download and Install R」と書かれているところが出発点です．英語の説明は「インストールしてすぐに使える基本システムと，多くの人によって提供されたパッケージの配布場所はここです(意訳)」と書かれています(図 2.6)．

　最初に，Windows を利用している人のためのガイドがあります．なお，

第 2 章　R をダウンロードして，インストールしてみよう

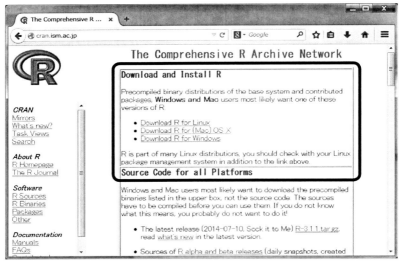

図 2.6　CRAN のトップ画面（統計数理研究所のミラー）

図 2.7　Windows 版 R の配布ページ・トップ

Mac OS の場合もほとんど同じですので，まずはこちらに目を通しておいてください．「Download R for Windows」をクリックしてみてください．すると，図 2.7 のような画面になります．

図 2.7 を見るとわかりますが，大きく 3 つの選択肢があります．「base」，

2.1 Rのダウンロード

「contrib」，そして「Rtools」です．「contrib」とは，contribution のことで，「寄与」とか「貢献」という意味です．先ほどRは世界中の人たちが使っていて，日々新しい機能が追加されていると書きましたが，それらを配布している場所が「contrib」です．初心者のみなさんにとっては，当分縁がないかもしれません．いつか免許皆伝の魔術師となって，さまざまな現場の問題に挑戦したいと思ったとき，ここを覗いてみてください．世の中で使われているすべての統計解析手法が，ここにはあるといっても過言ではありません．ここは，日々新しい手法が追加され，進化しています．「Rtools」は，自分でソース・プログラムから実行可能なRを作ったり，パッケージを作ったりするときに必要な道具が収められています．ここも，みなさんにとっては縁がない場所だと思います．もし，プログラミングの素養があって，いつか自分が開発した「新しい手法」を世界中の人たちに使ってもらいたい，というときが訪れたら，ここを覗いてみてください．

残る1つが「base」です．base とは，もとになるもの，基本，基礎，

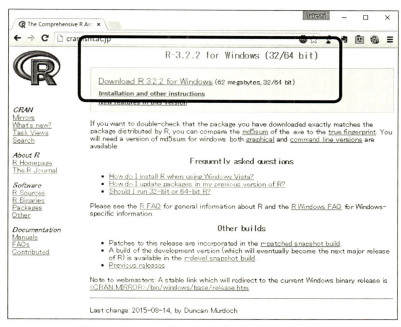

図 2.8　Windows 版 R 基本パッケージ配布ページ

というような意味です．Rを使うための「基本パッケージ」が配布されています．基本パッケージといっても，馬鹿にしてはいけません．数十万円で販売されている商用の統計パッケージと同等か，それ以上の機能が，基本パッケージには含まれています．では，「base」をクリックしてみましょう．すると，図2.8のような画面になります．

「R-3.2.2」とは，配布されているRのバージョン番号を示しています．CRANでは，常に最新の「安定版」が配布されています．この本の執筆時点での最新版は「3.2.2」ということになりますね．その下の「Download R 3.2.2 for Windows」をクリックしてください．最新版Rの基本パッケージのダウンロードが始まります．ファイル名はR-x.x.x-win.exeというような名前になっています．x.x.xはバージョン番号です．60MB以上のファイルとなりますので，ダウンロードが完了するまで一休みしましょう．

2.2 Rのインストール

2.2.1 WindowsでのRのインストール

ダウンロードが完了したら，さっそくインストールを始めましょう．ダウンロードされた実行ファイルを，ダブルクリックして起動してください．「不明な発行元からのアプリが……」というようなメッセージが表示されることがあります．Windowsでは，セキュリティの観点から，実行プログラムに「発行元」のデータを埋め込む機能があります．Rのインストール・ファイルには，それが埋め込まれていないため，「誰が作ったのかわからない怪しげなプログラムだけど，本当に実行してもいいですか？」と尋ねられているのです．みなさんがCRANまたはそのミラーから直接ダウンロードしたファイルであれば，臆することなく「はい」をクリックしてください．これ以降では，インストール・プログラムの画面を羅列していきます．

みなさんが使っているパソコンの言語が「日本語」に設定されていれば，自動的に「日本語」が選択されているはずです(図2.9)．海外拠点のパソコンで，現地の言葉が標準として設定されていれば，それが選択され

2.2 Rのインストール

るはずです.

図2.9の画面で「OK」をクリックすると「セットアップウィザードの開始」の画面(図2.10)が出るので「次へ」をクリックします．すると，図2.11の画面になります．ここでは，Rの配布や使用の条件となっている，「GNU General Public License」が表示されます．細かい話はいろいろあるのですが，「一定の条件の下で，自由に配布，利用してかまわない」旨が書かれています．配布されているRを改造したプログラムを販売して一儲けしよう，などと考えている人はじっくり読む必要があります．みな

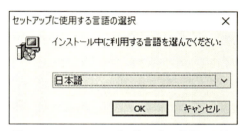

図 2.9　セットアップに使用する言語の選択

図 2.10　R for Windows セットアップ開始画面

第2章 Rをダウンロードして，インストールしてみよう

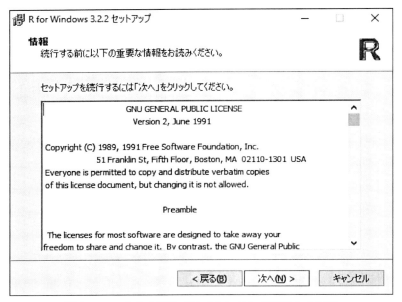

図 2.11　Rを使う際の「ライセンス」を表示した画面

さんのように，「こんな素晴らしいプログラムを自由に無料で使うことができるなんて，とてもありがたいことだ」という人には，著作権や知的財産権と「フリーソフト」との関係について，R（およびそれらと同じようなプログラム）を配布している人たちの見解が示されている，と受け取ってください．みなさんにとって不利益なことは何も書かれていないので，素直に「次へ」をクリックしましょう．

次に出るのが図 2.12 の画面です．ここから先が本格的なインストール画面となります（図 2.13〜2.18）．特別な事情がない限り，「次へ」をどんどんクリックしていただいて構いません．みなさんのような人にとって最も一般的なオプションが最初から選択されています．会社のパソコンにプログラムをインストールすることにさまざまな制約や条件などがある場合は，システムを管理している人に相談してください．個人のパソコンにインストールするのでしたら，それこそ何も考えず「次へ」の連打でかまいません．表示されているオプションが最適でないような，自分の環境をい

16

2.2 Rのインストール

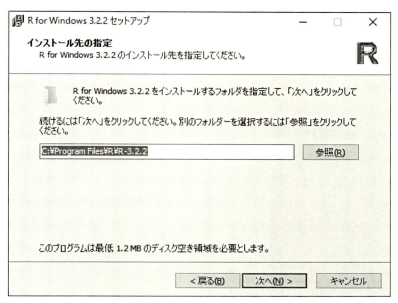

図 2.12　インストール先の指定

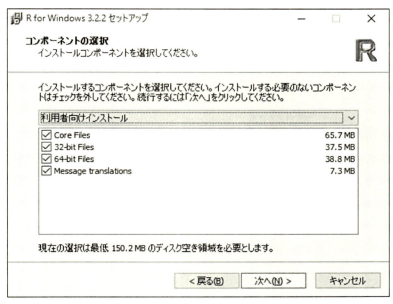

図 2.13　インストールするコンポーネントの選択

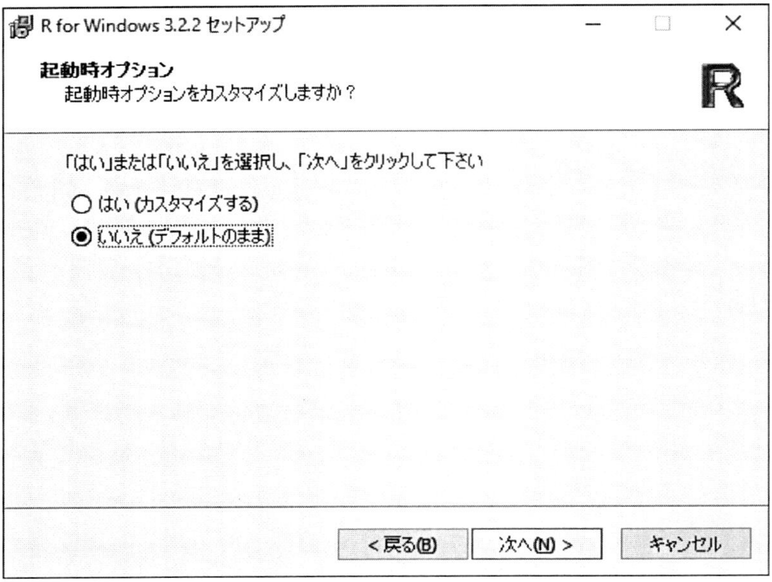

図 2.14　起動時オプション変更画面

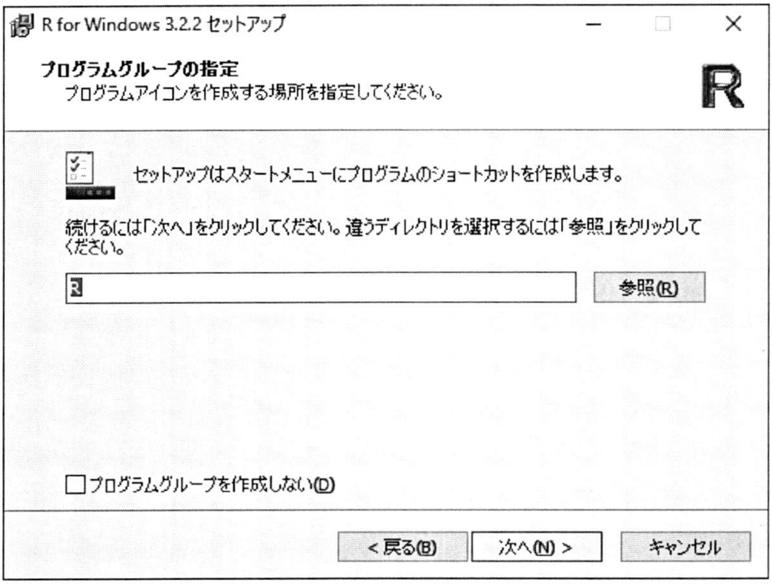

図 2.15　プログラムグループの指定画面

2.2 Rのインストール

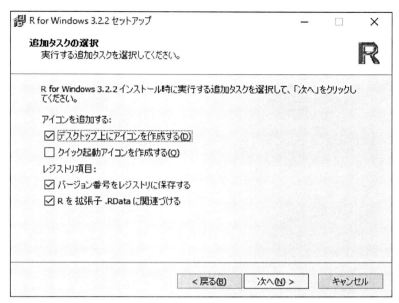

図 2.16　その他のオプション選択画面

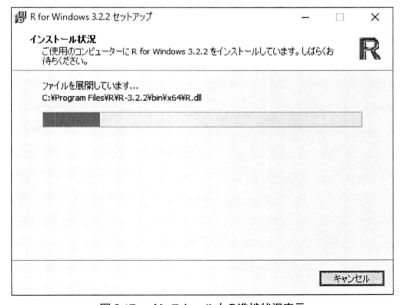

図 2.17　インストール中の進捗状況表示

第 2 章　R をダウンロードして，インストールしてみよう

図 2.18　インストール完了画面

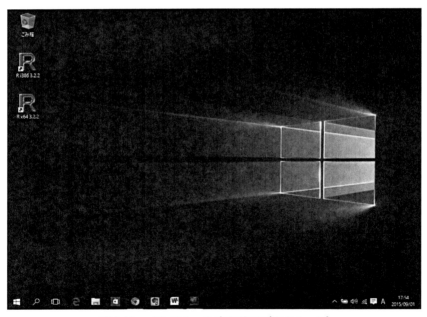

図 2.19　インストール完了後のデスクトップ

2.2 Rのインストール

ろいろいじっている方は，それなりに知識があるのでしょうから，自分の環境に合わせてオプションを選択してください．これ以降，インストールが完了するまでは，画面表示だけを並べておきます．図 2.19 はインストール完了後の画面です．

　この本に書かれたとおりにインストールを進めると，デスクトップに R のアイコンが設置されます．みなさんの使っている Windows のバージョンによって，アイコンが 1 つしかない場合と，2 つある場合があります．1 つしかない場合は，特に悩む必要はありません．2 つ表示されている場合，それぞれ「R i386 x.x.x」と「R x64 x.x.x」となっています．前者が 32 ビット版，後者が 64 ビット版です．中身に違いはありません．そろばんに例えると，前者は「32 串」，後者が「64 串」のそろばんを使う，というような意味です．国家予算を超えるような巨額なお金の計算をするわけでもないので，32 ビット版でもまったく問題ありません．もちろん，せっかく大きなそろばんを使えるので使ってみたい，という人は 64 ビット版を使ってください．

2.2.2　Mac OS での R のインストール

　それでは次に，Mac OS を使っている人のためのガイドです．CRAN を検索して，近くに設置されているミラーを選ぶところまでは，Windows とまったく同じです．図 2.6 で「Download for (Mac) OS X」をクリックしてください．すると，図 2.20 のような画面になります．

　Windows 版とは異なり，いろいろな選択肢があります．みなさんに関係があるのは，上の 2 つです．みなさんが使っている Mac OS のバージョンが 10.9 以上なら，一番目の「R-x.x.x.pkg」を，10.6〜10.8 なら，二番目の「R-x.x.x-snowleopard.pkg」をクリックしてください．ご自分の Mac OS のバージョンがわかりませんか？　そのときには，画面一番左上の「リンゴマーク」をクリックしてみてください．プルダウンメニューの中に「この Mac について」という項目があると思います．そちらをクリックしてみてください．

　すると図 2.21 のように，OS のバージョンなどの情報が表示されます．

第 2 章　R をダウンロードして，インストールしてみよう

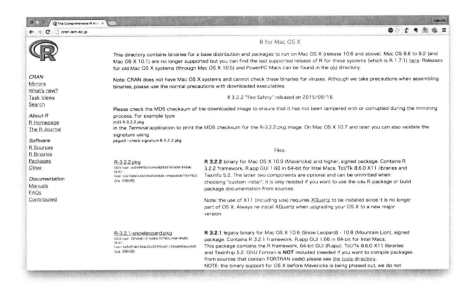

図 2.20　R for Mac OS X ダウンロード画面

図 2.21　Mac OS バージョン表示画面

2.2 R のインストール

私の場合は，バージョン 10.10.5 です．

みなさんがどちらを選ぶべきか，おわかりになりましたか？ それでは適切な方をクリックして，インストール・プログラムをダウンロードしてください．

ダウンロードされたファイルをクリックすると，インストール・プログラムが起動します．こちらも基本的には「次へ」の連打，で構いません．一連の流れを，画面で紹介します（図 2.22〜2.29）．

「このコンピュータのすべてのユーザ用にインストール」をクリックする（図 2.26）と「続ける」をクリックできるようになります．

図 2.27 で「インストール」をクリックすると，パスワードの入力を要求されます．正しいパスワードを入力すると，インストールが始まります（図 2.28，図 2.29）．

正しくインストールが完了すると「LaunchPad」の中に，R のアイコンが追加されています．これから R と仲よくしていこうとお考えなら，R

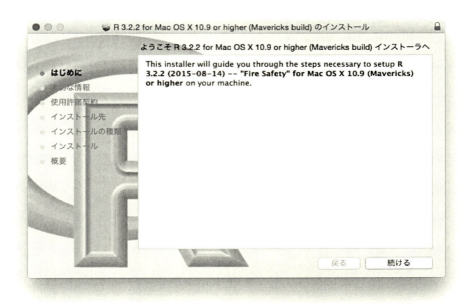

図 2.22　R for Mac OS X インストール・プログラム起動画面

第2章 Rをダウンロードして，インストールしてみよう

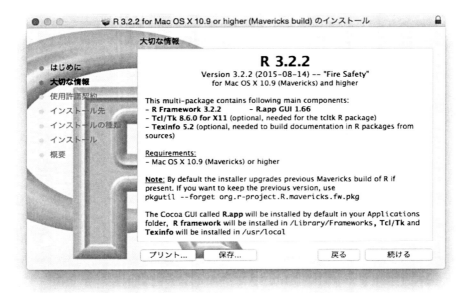

図 2.23　R の情報画面

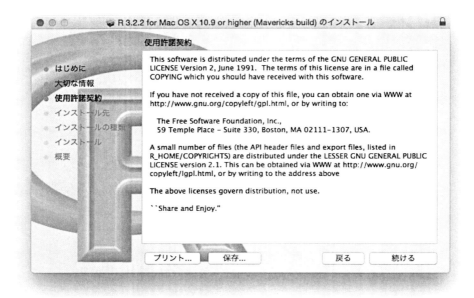

図 2.24　R の使用許諾画面

2.2 Rのインストール

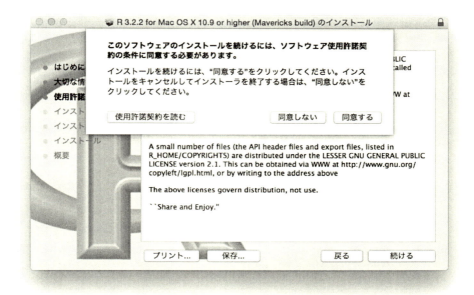

図2.25　使用許諾画面で「続ける」をクリックすると表示されるダイアログ

図2.26　インストール方法を選択する画面

第 2 章　R をダウンロードして，インストールしてみよう

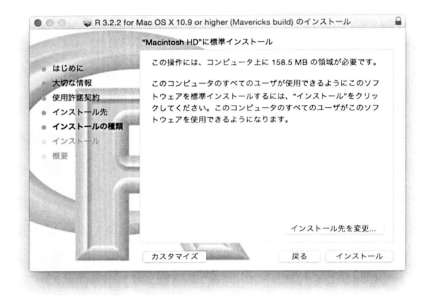

図 2.27　インストール先を選択する画面

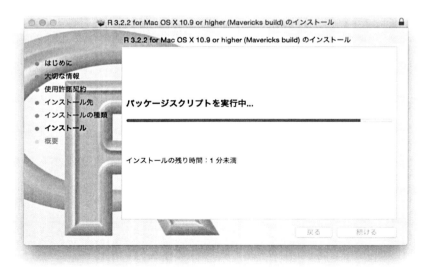

図 2.28　インストール中の進捗状況表示

2.2 Rのインストール

図 2.29　インストール完了画面

のアイコンを，ドックに追加しておくとよいかもしれません．

　さあ，これで準備が整いました．みなさんのパソコンに，最強の統計パッケージ，Rが搭載されました．後はみなさんの修行次第で，さまざまなデータ解析に利用することができるようになります．では次の章から，長い旅の第一歩を踏み出すことにしましょう．

第3章

まずは簡単な計算をしてみよう

　この章では，数学があまり得意ではなくて，Rを触ったこともない，という人のための，第一歩を解説しました．

3.1　四則演算

　それでは，前の章でインストールしたRを立ち上げてみましょう．これ以降の説明では，Windows上での画面を示しますが，Macでもほぼ同じです．

　Rを立ち上げると，図3.1のような初期画面が表示されます．枠でくくった中に「コンソール」と呼ばれるウィンドウが開いています．これか

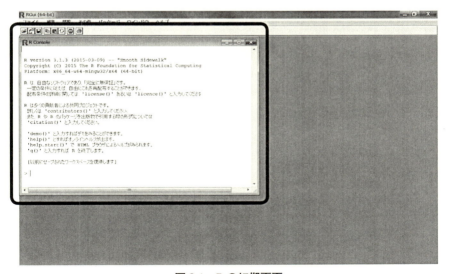

図 3.1　R の初期画面

第3章 まずは簡単な計算をしてみよう

ら，さまざまな呪文を使ってRに計算をさせていきますが，その呪文をRに伝える場所が，この「コンソール」になります．

コンソールには，「Rは自由なソフトウェアであり，「完全に無保証」です．」などという物騒な文句が表示されています．ちなみに「自由なソフトウェア」とは，一定の条件の下で，使うのも，改変するのも，（無料で入手しておきながら）商品として販売するのも自由，ということを宣言したものです．Rは自由に使えるのだし，何か不具合などがあっても誰も責任は取りませんよ，という宣言だと思ってください．

第1章で説明したように，このRというソフトウェアは10年以上にわたって世界中の統計のプロが毎日愛用しています．何か不具合がでたら，その人達が真っ先に報告しています．また，Rのプログラムは誰でも見ることができるように公開されていて，ウィルスのように悪意あるプログラムを潜ませるなどということは，ほとんど不可能です．ですから，有料のソフトウェアと比べても，遜色ないと考えて間違いありません．むしろ，作った人の顔がわからない有料のソフトウェアよりも無料のRのほうが安心して使えると言っても過言ではありません．ですから，安心して使っ

図 3.2　Rのプロンプト

てください．

　さて，そのような一連のメッセージのあと，図3.2のような画面になります．

　図3.2には「＞　｜　」という赤い文字が表示されています．これを「プロンプト」と呼びます．最初の「＞」は，トランシーバで言えば「こちら誰々です，どうぞ」の「どうぞ」にあたります．つまり，Rが，「(私からお知らせすることは終わりました，あなたが)呪文を唱えてもかまいませんよ」と言っているわけです．「｜」をカーソルと呼びます．あなたがキーボードから呪文を打ち込むわけですが，このカーソルのところに入力されていきます．

　「プロンプト」から呪文を打ち込むと，Rはせっせと計算して，その結果をコンソールに表示してくれます．すべての結果が表示できたら，また「プロンプト」を表示します．このように，あなたとRが交互に，呪文，結果，呪文，結果と進めていくので「対話式システム」と呼ばれています．

　Rでいろいろな計算を始める前に，「終わり方」を説明しておきます．終わり方は2通りあります．1つ目は，普通にウィンドウを閉じる方法です．Windowsの場合ウィンドウ右上の「×」を，Mac OSの場合ウィンドウ左上の「●(赤丸)」をクリックします．すると，図3.3のようなメッセージが表示されます．

　ここでは『はい』を選んでおいてください．後々説明することになりますが，Rでは，入力したデータを変数に代入することができます．上記の

図3.3　Rを閉じるときに出る画面

第3章 まずは簡単な計算をしてみよう

「質問」で「作業スペースを保存する」と，それらの変数とその中身が自動的に保存されます．次回 R を再び起動したとき，それらを自動的に読み取って，中断前の状態に戻してくれるのです．データを入力して，少し分析してみて，一度中断する，翌日続きをしたい，というときに大変便利です．作成したグラフは消えてしまいますが，もう一度描画し直せばよいのです．

もう1つの終わり方は，プロンプトに「q( )」と入力する方法です．中止する，という意味の quit からきています．こちらでも図 3.3 のメッセージが表示されます．

さて，それでは，記念すべき「呪文」第1号を打ち込んでみましょう．と言っても，最初はごく簡単な四則演算です．

「1+1」「Enter」と打ち込んでみてください．足し算ですね．「2」と答えが表示されます(図 3.4)．R では，呪文の終わりに「Enter」を打ち込む決まりになっています．言い換えると「Enter」の前までを呪文として実行するわけです．

その結果が「[1]　2」と表示されています．1+1 の答えが2であるこ

図 3.4 「1+1」の実行結果

3.1 四則演算

とはわかりますが，先頭の［1］は何を意味するのでしょうか．これは，今のところは「内緒」にしておきます．後半の章で，もう少し統計らしい計算をするときに，ちゃんと説明します．この章では無視しておいてください．

では，引き算をしてみましょう．「1−1」「Enter」と入力してみてください．「0」と正しく計算されましたね．掛け算は「*」を使います．「アスタリスク」と読みます．例えば，「2×3」を計算させたいのなら，「2*3」と入力します．実際に入力してみてください．「6」と正しく計算されましたね．割り算は「／」を使います．「スラッシュ」と読みます．例えば，「4÷2」を計算させたいのなら，「4／2」と入力します．実際に入力してみてください．「2」と正しく計算されましたね(図 3.5)．

このように，R で計算をするときに，基本は「ともかく数式どおり」に入力，です．掛け算のときにはアスタリスクを使う，割り算のときにはスラッシュを使うなど，記号を代用しなければならない場合もありますが，それ以外は，数式そのままで大丈夫です．

それでは，ほんの少しだけレベルを上げます．「1＋2×3」の正解はいく

図 3.5　各種四則演算の結果

つだと思いますか？「9」と答えた方，間違えています．正解は「7」です．計算をするときのルールとして，

1) 左から右に向かって順番に計算していく
2) ただし，1つの式に四則が混ざっているときは，掛け算と割り算を先に行ない，そのあとで足し算と引き算を行う
3) ただし，カッコがある場合は，その中を優先して行う

というものがあります．2番目，3番目のルールを「演算の優先順位」といいます．

先ほどの例では，ルール2)から，まず掛け算を先に実行しなければならないので，「1＋2×3」⇒「1＋6」⇒「7」となるわけです．「9」と間違えてしまった人は，「1＋2×3」⇒「3×3」⇒「9」と計算してしまったのでした．では，Rは演算の優先順位をわかっているのでしょうか，実際に試してみましょう．「1＋2＊3」と入力してみてください．正しく「7」と結果が表示されましたね．つまり，Rは基本的な算数のルールをきちんとわきまえている，ということがわかります．

この「1＋2×3」の計算を，身の回りの電卓で試してみてください．多くの電卓が「9」という答えを出すと思います．経理の人が使っているような電卓は，おそらく全滅でしょう．エンジニアが使う関数電卓だと，「7」と表示されるものが多いかな．最近のスマートフォンの電卓アプリなら，まず間違いなく「7」と正解が表示されます．携帯電話の場合，新しい機種の電卓だと「7」となりますが，少し古めの機種だと「9」と表示します．

統計の計算問題などで，一所懸命電卓を使って計算したのに間違ってしまった，という場合，この「計算の優先順位」の罠に引っかかっていることがよくあります．

Rは計算の優先順位もきちんと判断して計算してくれるので，テキストに掲載されているような数式を，そのまま入力するだけで，正しく計算してくれます．

それでは，少し統計らしい計算をしてみましょう．まずは平均値です．そろそろ数式が出てきますが，あわてないでください．集めてきたデータの「平均値」は以下の定義式に従って計算します．

$$\bar{x} = \frac{\sum_{i=1}^{n} x_i}{n} = \frac{x_1 + x_2 + \cdots + x_n}{n} = \frac{データの合計}{データの個数}$$

定義式を見ると少しドキドキしてきますが，要するに，n 個のデータを全部合計して，その値を個数 n で割れば平均値が計算できます．この程度の難しさの数式は，このあと何回も出てくるので，最初は丁寧に説明しておきましょう．

統計の世界では，データの個数を n という記号で表現することが多いです．おそらく「ナンバー（number）」という言葉から出てきた記号でしょう．データそのものは，x，y などの記号で表現することが多いです．欧米では未知のものをさすときに X という記号を使います．匿名希望のミスターX，のように．データも，サンプルをとってきて計測するまでどんな値になるのかわからないので，x という記号を使うようになったのかもしれませんね．データの順番を示すカウンターには，i，j などの記号を使うことが多い．おそらく「整数（integer）」から出てきた記号でしょう．

アルファベットの M の大文字を横に倒したような記号 Σ は「シグマ」と読みます．合計する，という意味です．合計のことを英語では「sum」といいます．この頭文字 s に対応するギリシャ文字がシグマです．小文字のシグマは σ，大文字のシグマは Σ です．ですので，

$$\frac{\sum_{i=1}^{n} x_i}{n}$$

は，データ x（x_1，x_2，$\cdots$，x_n）を 1 番目から n 番目まですべて合計し，n で割りなさい，という意味になります．例えば，最初の 3 個だけ合計しなさいというときには，

$$\sum_{i=1}^{3} x_i$$

のように明記しますが，今回のように「全部」合計しましょう，というときには「何番目から何番目まで」を省略して

$$\sum x_i$$

第3章 まずは簡単な計算をしてみよう

とあっさりと書くこともしばしばあります．このように，いきなり数式が出てくると面食らう人も多いかもしれませんが，ほんの少しの決まりごとを覚えると，簡単に理解できるようになります．では，今度はRで計算してみます．暗算でもできるような簡単な計算から始めましょう．3個のデータ，1，2，及び3の平均値を計算してみましょう．実際にRに入力して計算させてください．

　いかがでしたか？　答えは「2」になりましたか？「4」という答えが出てきた人はいませんか？　正解は，もちろん「2」です．「4」という答えになってしまった人，もしかしてRがおかしくなってしまったのでしょうか？　いえ，残念ですが，入力したあなたがミスをしてしまったのでした．

　正しい計算指示は「(1+2+3)/3」です．計算の優先順位を思い出してください．掛け算・割り算は，足し算・引き算よりも先です．今回は，全部足して，そのあとに割り算です．ですから，かっこを使って「先にこちらを計算しなさい」とRに教えてあげる必要があります(図3.6)．

　「1+2+3/3」と入力してしまったあなた．Rは，この式を受け取ると，まず，3/3を計算してしまいます．その後に1+2+1を計算します．そのため，答えが「4」となってしまったのです．

　ここで，不完全な式(間違った式，という意味ではありませんよ)を入力したときに何が起こるのか，確かめておきます．「(1+2+3)/」まで打ち込んだところで「Enter」を入力してみてください．

　するとどうでしょう．本来ならRは計算結果を表示して，次のコマンドを待っているというプロンプト「>」を表示するはずなのに「+」という見慣れない表示を出してきました(図3.7)．これは，Rからの「まだ，コマンド(呪文)の入力が完了していないよね？　続きがあるはずでしょ．入力して」というメッセージです．「おっとうっかり，ごめんね」と言いながら「3」「Enter」と続きを入力してみてください．何事もなかったように，計算結果を表示して，プロンプトに戻ります．

　さて，あなたのパソコンのキーボードの「カーソルキー」を見つけることができますか？「カーソルキー」とは，「↑」「←」「↓」「→」の総称で，だいたい右下にあることが多いです．さて，Rのコンソール画面でプロン

3.1 四則演算

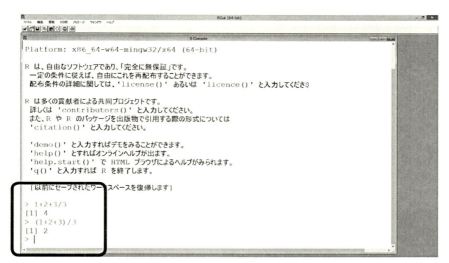

図 3.6 「平均値」の計算

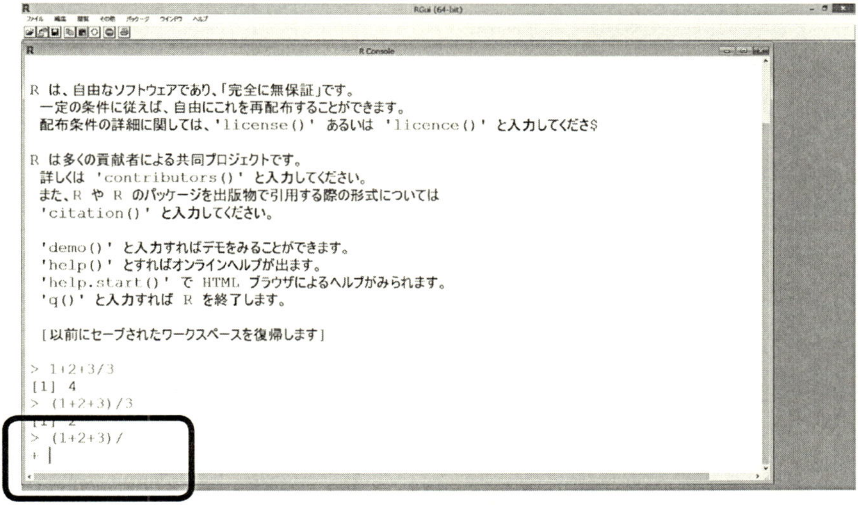

図 3.7 不完全な式の入力

プトが表示されている状態で，「↑」と「↓」を適当に，何回か押してみてください．プロンプトの場所に，「今まで入力した呪文」が呼び出されていることがわかりますか？ Rは，入力されたコマンド(呪文)をある程

第3章　まずは簡単な計算をしてみよう

度記憶しているのです．そして，上下カーソルキーを使うことによって，過去の記憶を呼び戻すことが可能です．過去のコマンド履歴の1つが表示されている状態で，「←」「→」を適当に，何回か押してみてください．「｜」で示されるカーソルが，左右に動くことがわかると思います．適当な場所までカーソルを移動させ，「1」とか「Delete」などを押すと，カーソルの場所に挿入したり，文字を消したり，書き直すことができます．この機能は，似たような計算を何回もしなければならないときに入力の手間を省いたり，特に，計算ミスや入力ミスを犯したときに，ちょっと書き直してやり直したりするときなどに大変便利です．

「1+2+3/3」と入力してしまった人は，その履歴を呼び出し，かっこを追加してみてください．そして「Enter」キーを押せば，正しい計算をやり直してくれます．逆に「(1+2+3)/3」と入力した人は，その履歴を呼び出し，かっこを削除して計算しなおしてみてください．答えがおかしくなることが確認できると思います．

Rは間違いに寛容です．もし，入力した式が不十分で「＋」が表示されてしまったら，あわてず騒がず自分が入力したものを眺め，何が足りないのかをじっくり考えてください．それを続けて入力すればよいのです．かっこの数が足りない，などがよくあるパターンです．右かっこと左かっこの数が等しいか，などを注意深く確認してみてください．入力した式が間違ってしまったときも，カーソルキーで過去のコマンド履歴を呼び出し，間違ったところだけを直してみてください．

それでは，もう少し複雑な式を計算してみましょう．この辺りまでできるようになると，電卓よりもRで計算したほうがわかりやすいし，仮に入力ミスをしてしまったとしても簡単にやり直しができる，ということを実感できると思います．

まずは，偏差平方和です．公式は以下のとおりです．

$$S = \sum_{i=1}^{n}(x_i - \bar{x})^2 = (x_1 - \bar{x})^2 + (x_2 - \bar{x})^2 + \cdots + (x_n - \bar{x})^2 = \sum_{i=1}^{n} x_i^2 - \frac{\left(\sum_{i=1}^{n} x_i\right)^2}{n}$$

さて，上記の公式は，実は2つの部分からでき上がっています．一番目

は，偏差平方和の定義そのものを数式にした部分で，以下のとおりです．

$$S = \sum_{i=1}^{n}(x_i - \bar{x})^2 = (x_1 - \bar{x})^2 + (x_2 - \bar{x})^2 + \cdots + (x_n - \bar{x})^2$$

　かっこの中，生データと平均値の差のことを「偏差」と呼びます．平均値からどれくらいデータが偏っているか，を示しています．この「偏差」を2乗(「平方」)して，合計(「和」)を求めるので，偏差平方和というわけです．統計の分野では，大文字のSは，偏差平方和を示すことが多いです．それでは，データ「1，2，3」の偏差平方和を計算してみましょう．平均値はすでに「2」ということを求めています．

　「(1-2)^2+(2-2)^2+(3-2)^2」と入力してみてください．「^」はデータのべき乗を示す記号で，キーボードの右上のほうにあります．

　このように，偏差平方和の定義式に従って計算すると，データの偏差平方和は「2」である，と計算することができました(図3.8)．

　さて，公式のもう1つの部分，それは手計算を行うときに便利な計算方法が記されている部分です．

$$S = \sum_{i=1}^{n} x_i^2 - \frac{\left(\sum_{i=1}^{n} x_i\right)^2}{n}$$

図3.8　偏差平方和の計算

第 3 章　まずは簡単な計算をしてみよう

　大抵の統計のテキストでは，偏差平方和の計算には，この公式を使って計算することを勧めています．テキストによっては「計算時の丸めの誤差が小さくなる」というように，理由を説明してくれているものもあります．しかし，きちんと理解できている人は，少ないと思います．私が奉職している理系大学の学生でも，きちんと説明できる学生は 1 割もいません．

　実は，電卓を使って計算するとき，掛け算・割り算と，足し算・引き算では，大きく意味合いが違っているのです．先ほど説明した，計算の優先順位のことではありません．データの「有効数字」に関わる問題なのです．「有効数字」とは何のことでしょうか？　簡単に言えば，データの中で「意味のある数字」ということになります．簡単な例で示してみましょう．目の前に kg の単位で目盛りが振ってある体重計があります．あなたが体重計に乗ると，針は 71kg と 72kg の間をさしました．そしてあなたは，目盛りと針の場所を眺め，「71.3kg」と自分の体重を記録します．場合によっては，「.3 よりはちょっと大きいかな」と「71.35kg」と記録するかもしれません．しかし，確かなことは「71kg より重く，72kg よりは軽い」ということだけで，「.3」や「.35」は目の子で測った，少しあやふやな数字です．

　では，このデータを使って計算をしてみます．何の意味もありませんが，体重の 2 乗を計算してみましょう．2 乗ということは，体重×体重という掛け算をすることですね．

$$71.\dot{3} \times 71.\dot{3} = (71 + 0.\dot{3}) \times (71 + 0.\dot{3})$$
$$= 71^2 + 2 \times 71 \times 0.\dot{3} + 0.\dot{3}^2$$
$$= 5041 + 4\dot{2}.\dot{6} + 0.0\dot{9}$$
$$= 508\dot{3}.\dot{6}\dot{9}$$

あやふやな数字の上には傍点をつけてみました．すると，3 桁同士の掛け算では，答えは 6 桁になりましたが，確かな数値は最初と変わらず 2 桁だけです．電卓で計算すると，8 桁，12 桁，場合によっては 16 桁と答えを表示してくれますが，もともとのデータの確かな桁数が 2 桁しかなければ，答えの確かな桁数も 2 桁しかありません．これを有効数字といいます．

掛け算や割り算では，有効数字が「保存」されます．つまり，出発点のデータの有効数字が2桁なら，答えの有効数字も2桁になります．

今度は引き算をしてみましょう．文部科学省の平成25年度「体力・運動能力調査」によれば，30代前半の男子の平均体重は68.44kgです．この数字はすべて「確か」と仮定して，あなたの体重との偏差を計算してみましょう．

$$71.\dot{3} - 68.44 = 2.\dot{8}6$$

なんと，有効数字が一桁になってしまいました．このように，引き算だけではなく，足し算も有効数字が「保存されない」場合があります．特に統計でよく使われる「偏差」などの場合は，両者の数値が近いため，引き算をした結果上記の例のように有効数字が減少してしまうことが非常に多いのです．逆に足し算では，同じような大きさの数字を足しても有効数字は減少しません．極端に大きさに違いのある数字を足すと，有効数字が減少してしまいます．

このような，引き算に潜む罠を防ぐため，なるべく引き算を最後の方に持ってくる計算方法として，以下の公式が提案されているのです．

$$S = \sum_{i=1}^{n} x_i^2 - \frac{\left(\sum_{i=1}^{n} x_i\right)^2}{n}$$

上記の式の第2項は「修正項」と呼ばれています．公式では，

$$\frac{\left(\sum_{i=1}^{n} x_i\right)^2}{n}$$

の部分のことですね．みなさんはすでに，この公式を読むことができるはずです．「データをすべて合計して」，「その合計値を2乗して」，「データの個数で割る」ことで修正項が計算できます．では，Rを使って計算してみましょう．「(1+2+3)^2／3」と計算すればよいのでしたね．答えは12です（図3.9）．

では，第一項のほうも計算してみましょう．

$$\sum_{i=1}^{n} x_i^2$$

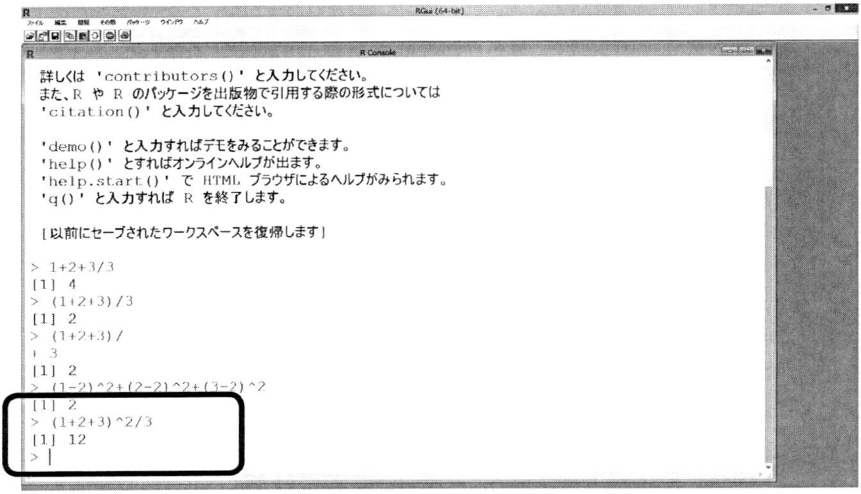

第 3 章　まずは簡単な計算をしてみよう

図 3.9　修正項の計算

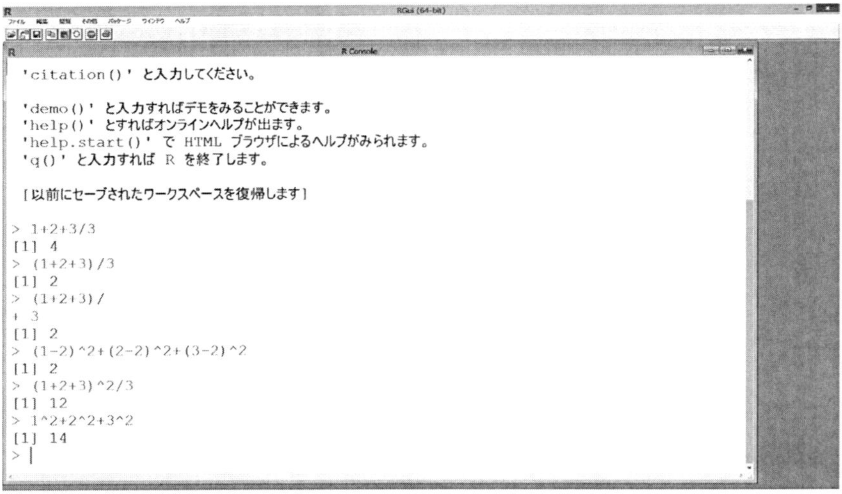

図 3.10　偏差平方和の 2 乗和部分の計算

　データの 2 乗をすべて合計する，ということですね．「1^2+2^2+3^2」と計算すればよいのでしたね．答えは 14 です（図 3.10）．

　結局，偏差平方和は 14 − 12 = 2 となります．最初に定義式どおりに計算したときと，同じ値になりました．

3.2 関数を使ってみよう

　ここまでの説明で，普通の電卓とまったく同じようにRを使うことができるようになったと思います．計算の優先順位もきちんと処理してくれるし，過去の計算履歴を呼び出すこともできるので，入力ミスをした場合などでも簡単に計算をやり直せます．これだけでも十分使えると感じていただけると思いますが，実はここまでの計算は，Rが持っている能力の1％くらいしか使っていないと言っても過言ではありません．さまざまな呪文を使いこなすことによって，Rの能力を解放していきましょう．

　この節では簡単な関数をいくつか見ていきましょう．関数のことは数学の教科書では，一般的に$y=f(x)$というような書き方をします．関数を英語でfunctionと呼ぶため，一般的な関数を表す記号にはfを使います．関数とは，「入力xを与えると，一定のルールに従って答えyを計算する」ものです．例えば平方根の計算も関数と考えることができますが，今の流儀に従えば，「yを2乗するとxとなるようなyを計算する」関数ということになります．関数ではxのことを「引数（ひきすう）」と呼ぶことがあります．引数は1つしかない場合もあれば，複数ある場合もあります．この節では，引数が1つだけで，数学の授業や統計でよく使う関数を紹介していきましょう．

　最初は「平方根」の計算です．分散から標準偏差を計算するなど，さまざまなところで平方根を計算しなければならない場合があります．平方根を計算するための呪文（＝コマンド）はsqrtです．平方根を英語ではsquare rootというので，ここから呪文が決まったのです．なお，Rでは，大文字と小文字を区別しています．例えば，sqrtとSQRT，Sqrtはすべて違うものとして判断されます．間違いやすい点ですので，注意してください．平方根を計算するための呪文は，すべて小文字のsqrtです．

　平方根を計算するためには，sqrt(2)などのようにプロンプトに入力します．カッコの中には引数を書き入れます．即座に1.414214と答えを教えてくれます．3の平方根を計算するのであれば，sqrt(3)と入力すればよいのですね．このように，Rでは，関数を使うためにいつも決まった

第 3 章　まずは簡単な計算をしてみよう

ルールがあります．sqrt(2)のように，関数を示す呪文の次にカッコが続き，カッコの中に引数を記入する，という表記法です．簡単ですね．

　実際に使うことはあまりないかもしれませんが，統計でときどき出てくる関数を紹介しておきましょう．以下の式は，正規分布の確率密度関数です．

$$f(x) = \frac{1}{\sqrt{2\pi\sigma^2}} e^{\frac{(x-\mu)^2}{2\sigma^2}}$$

　この数式の中の e は，自然対数の底とか，ネイピア数などといわれている数学定数で，2.71828…という値を持っています．これは一体何者だ，という話をするためには，微分・積分の話をじっくりしなければなりません．さすがにこの本の範囲を超えてしまうので省略しますが，「ネイピア数」は微分・積分においてとても特徴的な振舞いをする不思議な数字なのだ，くらいに考えておいてください．このネイピア数が，なぜか正規分布の確率密度関数の式の中に現れてきます．私たちが統計で取り扱う多くの計量値データが正規分布に従うと仮定して分析されますが，その正規分布の確率密度関数の中に，この神秘な数字が現れているのです．この自然定数の底の x 乗，つまり，e^x を計算したいときには，exp(x)と入力します．べき乗を意味する exponential が呪文の起源です．ネイピア数は e^1 です．実際に R で計算してみましょう．exp(1)とコマンドを入力すると，2.718282 と答えを返してくれます．

　ついでですから，円周率の話もしておきましょう．先ほどの正規分布の確率密度関数の中に，π という記号が含まれています．ご存知だとは思いますが，これは「円周率」を表す記号です．3.14159…という数学定数ですね．実はこの，有名な定数である「円周率」も，最初から R は知っています．pi と入力してみてください．カッコはいりません．3.141593 と答えを返してくれます．pi は「パイ」と読みます．π と同じ読み方ですね．

　ここまでの説明をきちんと読んで，実際に R に入力して試してみた方なら，R を使って，正規分布の「確率密度」を計算できるようになっているはずです．標準正規分布，すなわち母平均 $\mu = 0$，母分散の $\sigma^2 = 1^2$ 確率密度関数は，

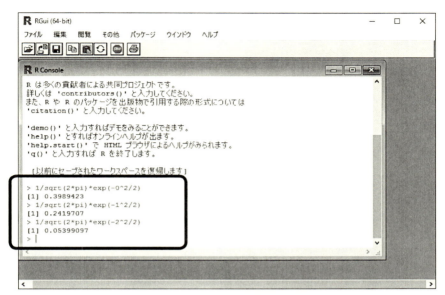

図 3.11　正規分布の確率密度の計算

$$f(x) = \frac{1}{\sqrt{2\pi}} \exp\left(-\frac{x^2}{2}\right)$$

です．x=0，x=1，x=2 のときの標準正規分布の確率密度を計算できますか？　もし，できたと思ったら，手元にある統計数値表で答え合わせをしてみてください（図 3.11）．

3.3　応用問題：割り勘の計算

　この章の最後に，少しは役に立つ計算をしてみましょう．飲み会の幹事さんの割り勘計算です．それぞれの部署ごとに，割り勘のルールなどはいろいろあると思うのですが，それを計算するときに使える関数や演算子（プラスとかマイナスとか，そういう記号のことです）をいくつか紹介します．

　まずは「切り上げ」と「切り捨て」です．例えば一人あたり 3,762 円になった，などというとき，切り上げて「一人 4,000 円」などとする場合で

45

第3章 まずは簡単な計算をしてみよう

す．Rの「切り上げ」関数は ceiling といいます．これは「天井」を意味する英語です．残念ながら，Rの ceiling 関数は，「小数点以下を切り上げる」という計算をします．例えば，以下のとおりです．

　　　　　ceiling (2.3) → 3

　これを使うと，100 円単位で切り上げ，1,000 円単位で切り上げなどの計算が簡単にできます．例えば，先ほどの 3,762 円を 100 円単位で切り上げ，500 円単位で切り上げ，1,000 円単位で切り上げの計算をしてみましょう（図 3.12）．Rの「切り上げ」関数は，小数点以下を切り上げるという計算をするので，例えば，3,762 円を 100 円単位で切り上げるのであれば，3,762 円を 100 円で割って（つまり，100 円玉が何枚必要かを計算して），切り上げて，もとの金額に戻してあげればよいのです．よく考えて，計算してみてください．

　さて，次は「切り捨て」です．切り上げを意味する関数が「天井 (ceiling)」でした．では，切り捨てを意味する関数は何だと思いますか？　ピンと来た方はなかなか鋭い．「床 (floor)」です．こちらも小数点以下を切り捨て

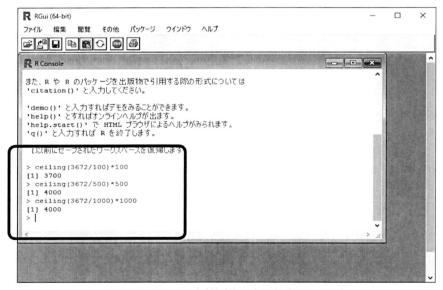

図 3.12　切り上げ計算（飲み会の幹事のために）

る関数です．先ほどと同じように，3,672円を100円単位に，500円単位に，1,000円単位に切り捨てる計算をしてみましょう（図3.13）．考え方はまったく同じですね．

できましたか？

ここまで，実際にRを使いながら読み進めてきていただいたみなさんは，普通の電卓の代わりにRを使えるようになってきているはずです．電卓と比べて，計算の道筋がすべて画面に表示される，入力ミスをしたときなど簡単に入力履歴を呼び出して正しく入力しなおすことができる，など，優れた点がたくさんあります．管理図の打点データを計算したり，統計の演習問題の計算をしたり，今まで電卓を使って行ってきた計算を，思い切ってRに切り替えて使ってみてください．最初はあんなに敷居が高いと感じていた（はずであろう）Rも，結構使える，ということがおわかりになると思います．

ですが，ここまでは軽いウォーミング・アップです．次の章から，もう少しR「らしい」使い方をお話していきたいと思います．

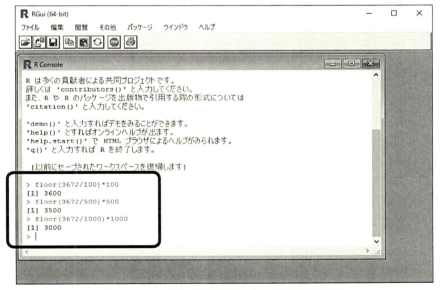

図3.13　切り捨て計算（飲み会の幹事のために）

第4章

簡単な統計分析をしてみよう

4.1 まずは変数に慣れる

　さて，それでは，R を使って本格的なデータ解析に挑戦してみましょう．その前に，R を使いこなすにあたって非常に大切な「変数」の概念を紹介しなければなりません．私たちは普段から「データ」という言葉を使います．この言葉は，ご存知のように英語の「data」から来ています．統計的な処理の対象となる数値や，検討の根拠となる事実，というような意味です．じつはこの「data」，複数形なのです（単数形は datum です）．英語をしゃべる人たちは，ある名詞がさし示しているものが，「1つ」なのか「たくさん」なのかを常に意識している，ということです．名詞を男性と女性で区別しているフランス語でも，les données と「複数形」で表します（フランス語では，複数形の場合は男性名詞も女性名詞も同じ定冠詞を使います．きっと，たくさん集まれば，その中には男性も女性もいる，ということなのでしょうね）．つまり，私たちが「データ」と呼ぶとき，1つの数値ではなく，それらがいくつか集まった一塊としてとらえている，ということになるわけです．

　R はデータ解析のためのシステムですから，このような「一塊」のデータを，一塊として取り扱うことができるようになっています．それが「変数」です．R のありがたみを感じるためには，この「変数」を使いこなすことが第一歩になります．本書では，「変数」として，「定数」，「ベクトル」，そして「行列」を扱います．何か難しい言葉が出てきましたね．でも心配しないでください．見た目よりもはるかに簡単です．「習うより慣れろ」です．

第 4 章 簡単な統計分析をしてみよう

4.1.1 変数を使う

まずは「定数」です．中学生レベルの簡単な問題を考えてみましょう．「あるスーパーマーケットでは，リンゴ 1 個を 150 円（税抜き）で販売しています．山田さんはリンゴを X 個購入しました．消費税は 8％とします．いくら支払う必要があるでしょうか？」この問題は以下のように考えることができます．

$$\text{購入したリンゴの税抜き価格：150X 円}$$

$$\text{したがって，支払う金額：150X×1.08 円}$$

では，X=2 のときいくら支払えばよいか，R に計算させてみましょう．まずはこちらの指示どおりに入力してみてください

```
X <- 2
```

「<」は不等号の「小なり」です．キーボードの右下近くにあると思います．シフトキーを押しながら入力する必要があると思います．その隣の「-」は「マイナス」です．キーボードの右上のほうにあると思います．この 2 つがペアになって「<-」という組み合わせとなると，「右から左に代入する」という意味になります．ですので，この呪文は，「2 を X に代入せよ」という意味になります．

```
X * 150 * 1.08
```

この式の意味はわかりますね．方程式を計算しているだけです．数式の中に文字が含まれているときには「掛け算記号」を省略することがありますが，R には，省略せず，ちゃんと「*」を入力して教えてあげてください（図 4.1）．

どうですか？　計算できましたか？　以前も注意しましたが，R は大文字と小文字を区別して取り扱います．どちらも大文字の X を入力してください．324 円，という正解が表示されましたか？

ここで使った「X」を変数といいます．なぜ，変数なのかというと，「入れ物」に名前をつけただけで中身は変わっても大丈夫，だからなのです．わかりにくいですね．では，次のように打ち込んでみてください（図 4.2）．

```
X <- 3
X * 150 * 1.08
```

4.1 まずは変数に慣れる

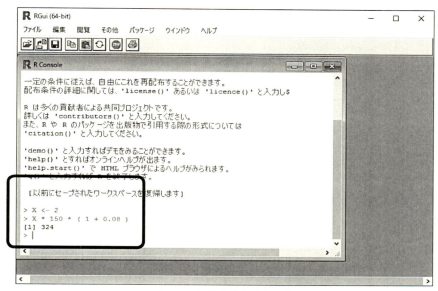

図 4.1 変数を使う(その 1)

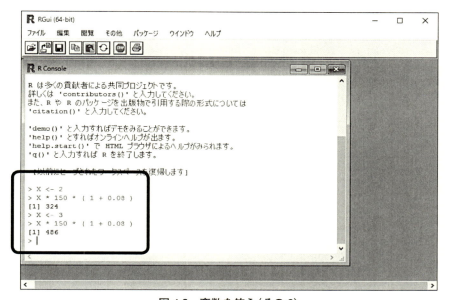

図 4.2 変数を使う(その 2)

第4章　簡単な統計分析をしてみよう

　正しく486円，と計算できたでしょうか？　これで何となく変数の使い方がわかってきたと思います．「X」とは，「箱」につけられた名前です．X <- 2 というコマンドは，X と名づけられた箱の中に，数値「2」を放り込め，という意味になります．その次の，X * 150 * 1.08 という計算式では，X と名付けられた箱の中から中身を取り出して，その値に150を掛けて，さらに1.08を掛けろ，という意味になります．いったん箱「X」を作ってしまったら，その箱の中にどんな数字が入っていても同じように「取り出して」計算してくれるわけです．入れ物の「名前」は変わらないけれど，「中身」は変わるので「変数」と呼ばれています．

　変数の「名前」は比較的自由につけることができます．R に備わっているコマンド(呪文)と区別がつかないような名前は困りますが，それ以外であれば，問題ありません．

　こんな例はいかがでしょうか？

　　　　Tanka <- 150

　　　　Kosuu <- 2

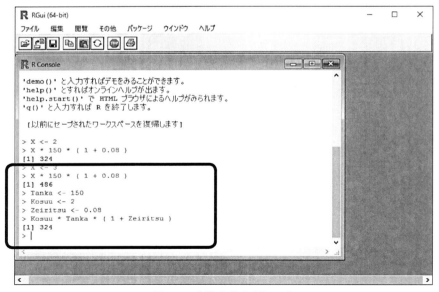

図 4.3　変数を使う(その 3)

4.1 まずは変数に慣れる

　　　Zeiritsu <- 0.08
　　　Kosuu * Tanka * (1 + Zeiritsu)

Tanka は「単価(税抜き)」，Kosuu は「個数」，Zeiritsu は「消費税率」をイメージして，それぞれ名前をつけてみました．このようにすると，一番最後の式

　　　Kosuu * Tanka * (1 + Zeiritsu)

は，税抜き単価 Tanka 円の商品を，Kosuu 個だけ購入したときの，支払総額を計算せよ．ただし消費税率は Zeiritsu とする，という意味であることがわかりやすくなると思います(図 4.3)．

　さて，いよいよ難しくなっていきます．今の問題で，「山田さんは 2 個，田中さんは 4 個，そして中山さんは 5 個購入したとします．それぞれの支払金額を計算せよ」となったらどうしますか？　すでにみなさんは，変数は入れ物に名前がついているだけなので，中身を変えれば，それぞれ計算できるということがわかっていますね．こうすればよいのです(図 4.4)．

　　　Kosuu <- 2

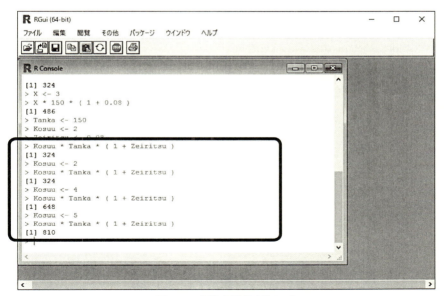

図 4.4　変数を使う(その 4)

第4章 簡単な統計分析をしてみよう

   Kosuu * Tanka * (1 + Zeiritsu)

   Kosuu <- 4

   Kosuu * Tanka * (1 + Zeiritsu)

   Kosuu <- 5

   Kosuu * Tanka * (1 + Zeiritsu)

なるほど，Rって簡単だな，と思いませんか？ カーソルキーを使って過去の入力履歴を呼び出せば，瞬時に計算できますからね．ここで，新しい呪文を教えましょう．以下のように入力してみてください．

   Kosuu <- c(2, 4, 5)

   Kosuu * Tanka * (1 + Zeiritsu)

なぜかはわかりませんが，3人分の計算が，一度にできてしまったことがわかりますね(図4.5)．秘密は Kosuu <- c(2, 4, 5) にあります．この，c( ) は，コンバイン(Combine)という英語から来ています．日本語でコンバインというと農家のみなさんが使っている刈取脱穀機というイメージしかないと思いますが，英語でコンバインといえば「複数のものを1つにま

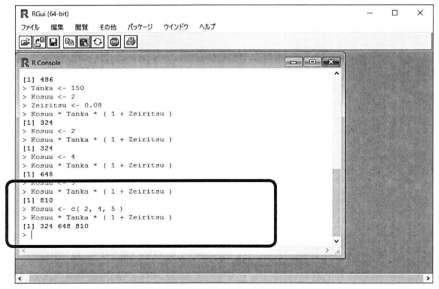

図 4.5　変数(ベクトル)を使う(その 1)

4.1 まずは変数に慣れる

とめる」という意味になります．ですから，2，4，および5という数値を「1つにまとめて」変数Kosuuに代入しなさい，という意味になるのです．

次の計算式，Kosuu * Tanka * (1 + Zeiritsu)では，Rは，Kosuuの中に複数の数値が入っていることがわかっていますから，1番目から順番に取り出して計算していきます．2を取り出して答えが324円，4を取り出して答えが648円，そして5を取り出して答えが810円，と計算してくれます．

この計算は，Kosuuの中に何個数値が入っていても同じように計算してくれるのです．試しに，以下のように入力してみてください．

   Kosuu <- 1:100

   Kosuu * Tanka * (1 + Zeiritsu)

ここで，1:100とは，c(1, 2, 3, 4, …, 99, 100)と同じ意味になる，特殊な記号です．ようするに，Kosuuの中に，1から100まで，100個の数値を代入したことになります．そして，100個の数値に対して，同じような計算をした結果が，瞬時に表示されました．

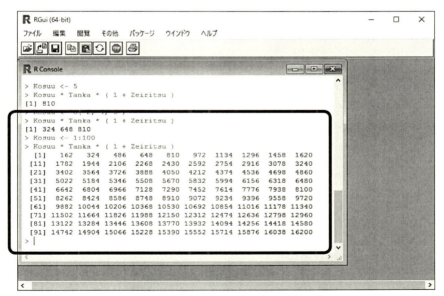

図 4.6　変数（ベクトル）を使う（その 2）

さて、ようやくここで、答えの左側に表示されていた「〔1〕」の意味を説明できるときがやってきました。みなさんの使っているディスプレイのサイズによって多少違いはあると思いますが、まさか100個分の計算結果を一度に横に表示できるような横広のディスプレイを使っている方はいらっしゃらないでしょうから、必ず図4.6のように、どこかで折り返して表示されていると思います。〔1〕というのは、このように複数個ある数値のうち、何番目か、を示す標識だったのです。図4.6の答えの3行目には以下のように表示されています。

〔21〕　3402　3564　3726　…

この〔21〕は、その右隣の「3402」が21番目の数値である、ということを示しています。疑い深い方は、ぜひ数えてみてください。確かに3402は21番目の数値であることを確認できると思います。

このように、ずらりと数値が並んだデータのことを「ベクトル」と呼んでいます。Rの変数は、一個の数値だけではなく、このように複数の数値をひとまとめにした「ベクトル」も格納することが可能です。

4.1.2　変数を使う【上級者向け】

もともとパーソナルコンピュータが欧米で開発されたということから、通常の画面表示は「横書き」になっています。ですから、Rでもベクトルの表示は横に表示されます(もちろん、個数が多い場合は折り返されて、図4.6のように複数行にわたる場合もあります)。ここで注意していただきたいことが一点。画面上では「横」に表示されていますが、内部では「列ベクトル」として格納されています。つまり、

$$kosuu = \begin{pmatrix} 2 & 4 & 5 \end{pmatrix}$$

という「行ベクトル」ではなく、

$$kosuu = \begin{bmatrix} 2 \\ 4 \\ 5 \end{bmatrix}$$

という「列ベクトル」で格納されている、ということです。今までの例であげたような、ベクトルとスカラーの掛け算などの場合には、行ベクトル

でも列ベクトルでも大した違いはありませんが，このあと少しだけ説明する，行列とベクトルの掛け算のような場合，行ベクトルか，列ベクトルかによってまったく意味が変わってきてしまいます．

この本が目標としている，Excelなどの表計算ソフトでデータを入力し，Rに読み込ませて簡単な解析をしてみよう，というレベルではあまり大きな問題ではないので深くは触れませんが，実はRは，ベクトルや行列形式のデータの計算についても非常に強力な機能を持っています．逆行列の計算や固有値・固有ベクトルの計算もコマンド1つで可能です．もしこの部分を読んでいただいている読者が，行列形式データの数値解析にもRを使ってみよう，とお考えでしたら，ぜひ「列ベクトル」で格納されている，ということを頭の片隅に入れておいてください．

このすぐ後の話で，行列とベクトルの掛け算を行っています．ご存知のように行列の計算では交換則が成り立たない（ABとBAは等しくない，場合によっては計算できない）のですが，そのことにはまったく触れず，さらりと説明しています．どのようにわかりやすく説明するか，悩みに悩んだ挙句，あえて触れないという選択としました．

4.1.3　行列データの入力

さて，もう少しだけ問題を複雑にしてみましょう．あるスーパーマーケットでは，リンゴの単価が150円（税抜き），卵（鶏卵）の単価が20円（税抜き）だとします．山田さんはリンゴを2個，卵を10個，田中さんはリンゴを4個，卵を15個，中山さんはリンゴを5個，卵を2個，購入しました．それぞれの支払金額はいくらになるでしょうか？　さて，だいぶ難しくなってきました．今までの話から，単価に関しては，

```
Tanka <- c( 150, 20 )
```

とベクトルを用意すればよさそうです．個数に関しては，どうしましょうか？

```
Kosuu <- matrix( c( 2, 4, 5, 10, 15, 2 ), 3 )
```

と打ち込んでみてください．新しいコマンドが出てきましたね．matrixです．これは「行列」を意味する英語です．実際にKosuuの中はどうなっ

第4章 簡単な統計分析をしてみよう

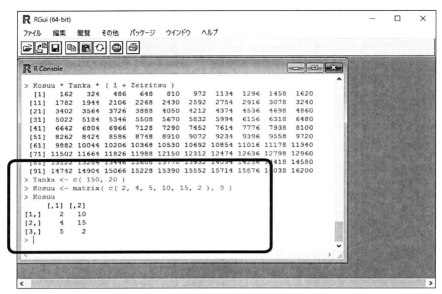

図 4.7　行列形式データの入力（その 1）

ているのか，眺めてみましょう．

単に

　　　　Kosuu

と打ち込んでみてください．

このような感じで表示されていますね（図 4.7）．

　　　　　　［, 1］［, 2］

　　［1, ］　　2　　10

　　［2, ］　　4　　15

　　［3, ］　　5　　2

これは，図 4.8 のような表のデータを R に入力したと考えるとわかりやすいと思います．

最初に入力したコマンド

　　　　Kosuu <- matrix(c(2, 4, 5, 10, 15, 2), 3)

と見比べてみると，入力されたデータが順番に，2，4，5 と縦に並んでいて，3 番目で折り返されて，10，15，2 と続いていることがわかります．

58

4.1 まずは変数に慣れる

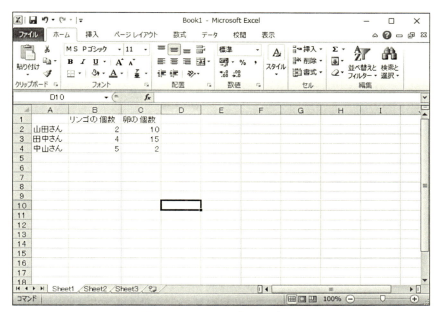

図 4.8 Excel に入力したデータ

このように，matrix というコマンドは，ひと並びのデータを「途中で折り返して」，行列形式(＝表形式)のデータに変換しなさい，というコマンドになります．どこで折り返すか，を決めているのが，一番最後の「3」になります．

  Kosuu <- matrix(c(2, 4, 5, 10, 15, 2), 2)

一番最後の「3」を「2」に書き換えてもう一度試してみましょう(図 4.9)．今度は 2 番目で折り返されましたね．もう一度元に戻しておきましょう．

  Kosuu <- matrix(c(2, 4, 5, 10, 15, 2), 3)

  Kosuu

Kosuu は見慣れない形．

	[, 1]	[, 2]
[1,]	2	10
[2,]	4	15
[3,]	5	2

59

第4章 簡単な統計分析をしてみよう

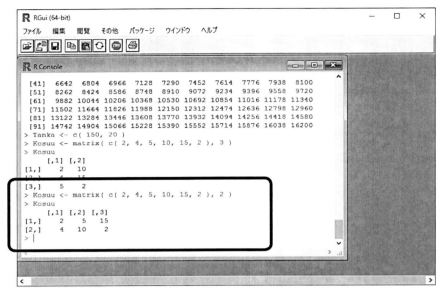

図 4.9　行列形式データの入力（その 2）

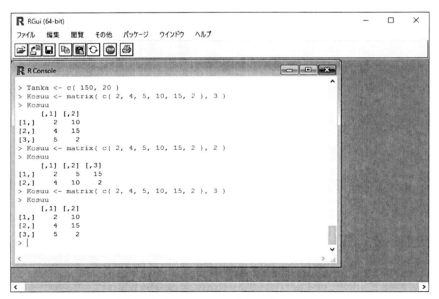

図 4.10　行列形式データの入力（その 3）

4.1 まずは変数に慣れる

と表示されています(図 4.10). 先ほどのベクトルの例では〔1〕とは，何番目か，を示す標識だったわけです．今回は表の形になっているので，それぞれ何行目か，何列目か，を示す標識に代わっています．左側の〔2,〕とは，2行目，を表します．「,」カンマの前に数字が表示されていることに注意してください．上側の〔,2〕とは，2列目，を表します．「,」カンマの後ろに数字が表示されていることに注意してください．この行番号と列番号を利用すると，特定のデータを指し示すことができます．

   Kosuu[1, 2]

   Kosuu[3, 1]

と入力してみてください．それぞれ1行目2列目のデータ，3行目1列目のデータが表示されることがわかると思います(図 4.11).

同じように，

   Kosuu[1,]

   Kosuu[, 2]

と入力してみてください．それぞれ1行目のデータ，2列目のデータを表

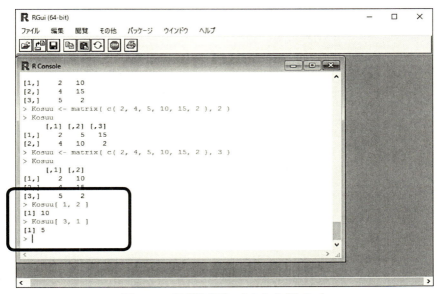

図 4.11　行列形式データの入力(その 4)

61

第4章 簡単な統計分析をしてみよう

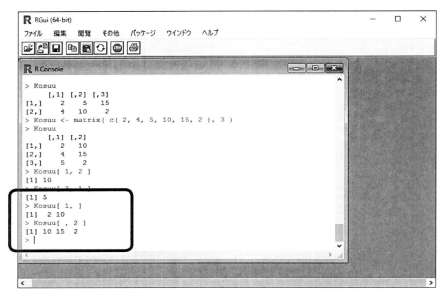

図 4.12　行列形式データの入力(その5)

示してくれます(図 4.12).

　もう少し複雑な行と列の指定を試してみましょう.

　　　　Kosuu[c(1, 3),]

　　　　Kosuu[-3,]

と入力してみてください.

　最初の例では「1行目と3行目」を，次の例では「3行目以外」を，表示してくれています(図 4.13).

　このように，Rでは，いったん行列の形でデータを用意すると，特定の行(標本に対応します)を選んだり除外したり，特定の列(特性値に対応します)を選んだり除外したりすることができるのです．さまざまなデータ解析を行う際に，大変便利に使うことができます．

　最後に,

　　　　Kosuu %*% Tanka * (1 + Zeiritsu)

と計算させてみてください．Kosuu が行列になってしまったので,「掛け算」の記号を少しだけ変えています．「% * %」が行列のときの掛け算の

4.1 まずは変数に慣れる

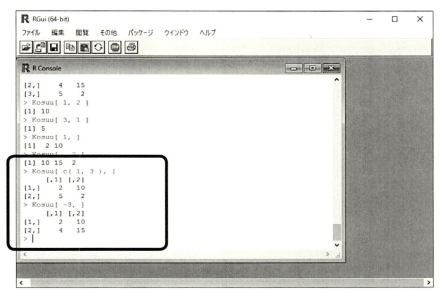

図 4.13　行列形式データの入力（その 6）

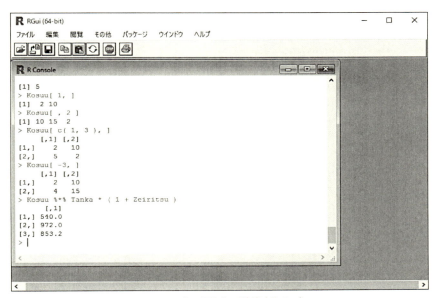

図 4.14　行列形式の計算（その 1）

第 4 章　簡単な統計分析をしてみよう

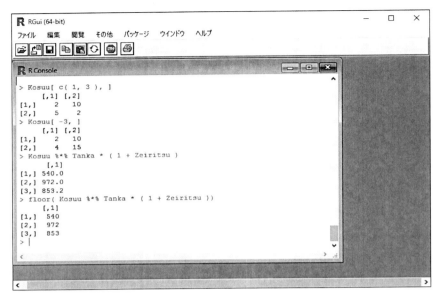

図 4.15　行列形式の計算（その 2）

記号です（図 4.14）．

　図 4.14 のように，3 人それぞれのお支払金額が計算できました．おっと，税込み価格の小数点以下は切り捨てでしたね．3.3 節で勉強した floor が使えます．

　　　　　floor(Kosuu %*% Tanka * (1 + Zeiritsu))

小数点以下が切り捨てられ，円の単位で表示されました．山田さんは 540 円，田中さんは 972 円，中山さんは 853 円のお支払いとなります（図 4.15）．

4.1.4　行列データの入力【上級者向け】

　プログラミングの経験がある方にはおわかりだと思いますが，R の「変数」は動的に型が決まります．スカラーを代入すればスカラー型に，ベクトルを代入すればベクトル型（1 次元の配列）に，行列を代入すれば行列型（2 次元の配列）になるのです．プログラミングの世界では，不具合を未然に防ぐためにも変数の型をきちんと事前に決めておくことはきわめて重要です．また，よほど特殊な状況でない限り，コンパイル時に引数の型の

4.1 まずは変数に慣れる

チェックを厳密にして，意図しない動作を防ぐようにしています．しかしながら R のような「対話型」のシステムでは，このような「動的な型の決定」が使いやすさに寄与しています．R では，今回紹介しているような比較的単純なデータ型だけでなく，構造体のような複雑なデータ構造も取り扱うことが可能です．また，計算させることも簡単です．

また，R では，1つの計算式で，スカラーでもベクトルでも同じように取り扱うことができます．以下の画面表示は，R で関数を定義して，実際に計算させてみたものです．

> Shiharai <- function(Kosuu, Tanka, Zeiritsu) Kosuu*Tanka*(1+Zeiritsu)

この行は，関数を定義している部分です．Shiharai というのは，3つの引数 Kosuu, Tanka, Zeiritsu を持つ「関数」であると宣言しています．その関数の中身は

> Kosuu*Tanka*(1+Zeiritsu)

の部分が表しています．

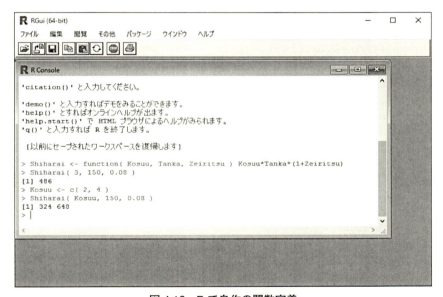

図 4.16 R で自作の関数定義

実際に自分で定義した関数を使ってみたのがそれ以降です．

   Shiharai(3, 150, 0.08)

で単価150円の製品を3個買い，消費税率が8％のときの支払額をきちんと計算して，486円と答えてくれています．

その次の例は，関数に引数としてベクトルを与えた場合です．

   Kosuu <- c(2, 4)

   Shiharai(Kosuu, 150, 0.08)

で，324円，648円とそれぞれ正しく計算してくれています(図4.16)．

Rの場合，配列を操作するときに，いちいちカウンター変数を使ってfor文などでループを構成する必要がありません．データ解析に特化した環境であるために，通常のプログラミング言語を利用することに比べると，数分の一から数十分の一の労力でアルゴリズムを表現することが可能になります．統計手法の研究者が，新しい手法を開発すると，まずRのパッケージ(自作の関数群)を開発して配布・提供する，というのも，Rの，アルゴリズムの記述能力の高さ，プログラミングにかかわる労力の少なさも大いに影響しています．

今回の例では単純な数式を関数として定義しましたが，もっと複雑なアルゴリズムを記述し，答を「構造体」で与えることも可能です．この本の後半で，実際に多変量解析をやってみようという説明がありますが，そこで使われている関数は，実は複雑な構造体が戻り値になっていたりします．それらをあまり意識せずに使えるところが，Rの良いところでもあります．

4.2 平均

それでは，Rの「変数」が使いこなせるようになったところで，少し統計らしい計算をしてみましょう．まずは，やはりデータの「平均値」を計算することから始めてみましょう．平均値の計算は，以下のような公式で表されます．

4.2 平均

$$\bar{x} = \frac{\sum_{i=1}^{n} x_i}{n}$$

この式の読み方は，データが $x_1, x_2, \cdots, x_n$ と n 個用意されているとき，それらをすべて足し算して，個数 n で割ったものが平均値 x バーである，ということでしたね．それでは，計算すべきデータを用意して，実際に R で計算させてみましょう．とはいっても，暗算で簡単に計算ができるように，以下のようなデータとします．

   x <- c(1, 2, 3, 4, 5)

このデータの合計は 15，したがって，平均値が 3 である，くらいは暗算で計算できますね．さて，R で「合計」を求める呪文(コマンド)は sum です．英語の「足し算」という意味です．ベクトル x に代入されているデータの合計を求めればよいので，次のように入力してみましょう．

   sum(x)

このように，簡単に計算が可能です(図 4.17)．それでは，平均値を求めるのも簡単にできますね．合計を個数で割ればよいのですから，sum(x)/5

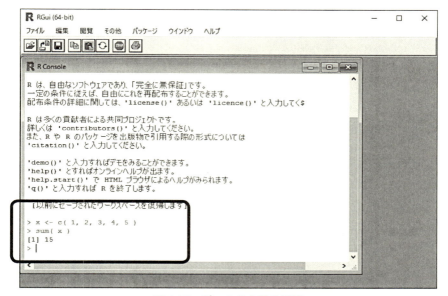

図 4.17　データの合計の計算

第4章　簡単な統計分析をしてみよう

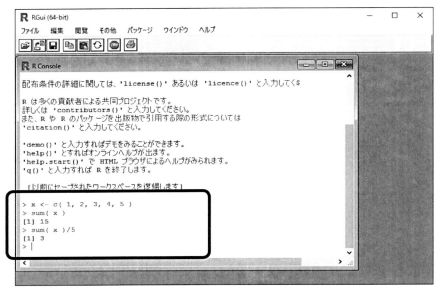

図 4.18　平均の計算(その1)

と入力すればよいのです(図 4.18).

どうですか．簡単ですね．R は，数式どおりに入力すると計算することができるシステムといわれています．平均値の定義式と R での入力を比較してみましょう．

$$\bar{x} = \sum_{i=1}^{n} x_i \Big/ n \quad \text{と} \quad \text{sum(x)/5}$$

です．よく似ていませんか？　x_i の合計を求める部分，$\sum_{i=1}^{n} x_i$ が sum(x) に置き換えられているだけです．このあといくつか例が出てきますが，教科書に出ている数式がわかれば，ほぼそのまま，コマンド(呪文)に書き換えるだけで R を使った計算ができるのです．

さて，統計分析では，平均を求める計算は頻繁に行われます．このようによく利用する計算には，最初から呪文(コマンド)が用意されています．平均を計算するための呪文は mean です．英語の「平均」の意味です．計算してみましょう．

4.2 平均

図 4.19 平均の計算（その 2）

  mean(x)

いきなり平均値が計算できましたね（図 4.19）．

 せっかくの機会ですから，管理図を作成するときによく使う「範囲」をRで求めてみましょう．範囲を計算するときに関係するコマンドは以下の3種類です．

  range(x)

  max(x)

  min(x)

実際に実行してみましょう．

 range は英語で「範囲」の意味ですが，R では「最小値」と「最大値」を教えてくれます．今回の例では，最小値が1，最大値が5だということですね．max は英語の maximum の省略形で，「最大の値」という意味になります．同じように min は英語の minimum の省略形で，「最小の値」という意味になります．図 4.20 をご覧になるとわかるように，それぞれ正しく答えを教えてくれています．では，R 管理図に用いる「範囲」を計

第4章 簡単な統計分析をしてみよう

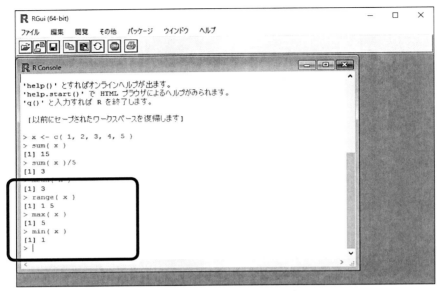

図 4.20　範囲の計算（その 1）

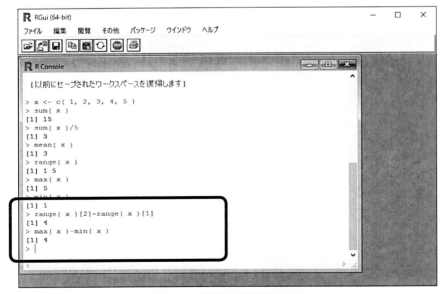

図 4.21　範囲の計算（その 2）

算するためにはどうすればよいでしょうか？

2つの方法があります．

  range(x)[2] – range(x)[1]
  max(x) – min(x)

のどちらでも構いません(図 4.21)．

なぜ，range(x)[2] – range(x)[1] で範囲が計算できるか，すでにみなさんは理解できると思います．

4.3 分散

次に，分散を計算してみましょう．分散の定義式は以下のとおりです．

$$V = \frac{\sum (x_i - \bar{x})^2}{n-1}$$

いきなり計算するのは難しいですから，少しずつ分解して計算してみましょう．分子だけ見てみましょう．

$$\sum (x_i - \bar{x})^2$$

これを偏差平方和といいます．さらに分解すると，$(x_i - \bar{x})$ を 2 乗して，それらをすべて足す，と書いてあることがわかります．この $(x_i - \bar{x})$ を「偏差」といいます．生データと平均値の差のことですね．「偏差」を「2 乗(平方)」して「足す(和)」から「偏差平方和」と呼ばれているわけですね．Rで偏差を計算してみましょう．数式どおりに入力すればよいのですから，x – mean(x) でよいのです．x がベクトルとして入力されていますから，その偏差を計算した答えもベクトルになります(図 4.22)．

正しく偏差が計算されていることが確認できますね．では次に，偏差平方を計算してみましょう．Rでべき乗を計算するときの記号は「^」です．つまりこうなります(図 4.23)．

  (x – mean(x))^2

もうわかりましたね．偏差平方和を計算するためには，以下のように入力すればよいのです．

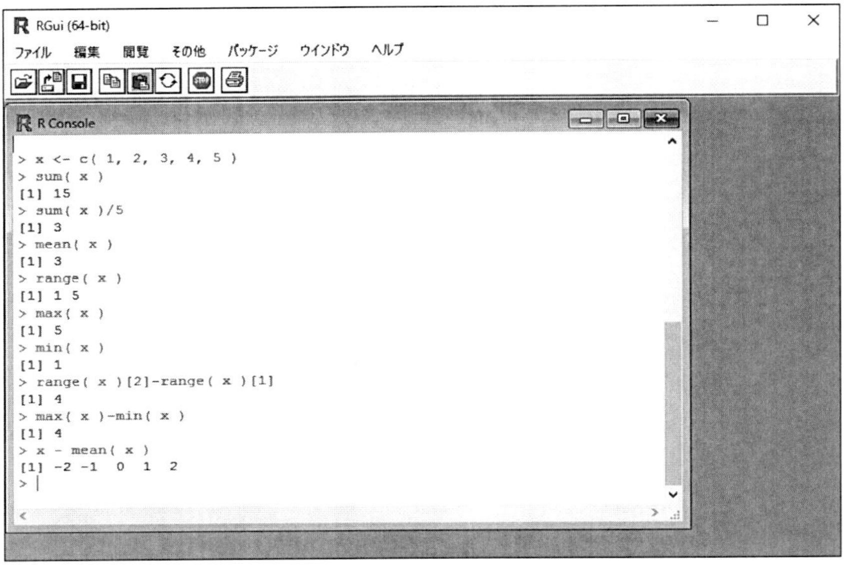

第4章 簡単な統計分析をしてみよう

```
> x <- c( 1, 2, 3, 4, 5 )
> sum( x )
[1] 15
> sum( x )/5
[1] 3
> mean( x )
[1] 3
> range( x )
[1] 1 5
> max( x )
[1] 5
> min( x )
[1] 1
> range( x )[2]-range( x )[1]
[1] 4
> max( x )-min( x )
[1] 4
> x - mean( x )
[1] -2 -1  0  1  2
>
```

図 4.22　偏差の計算

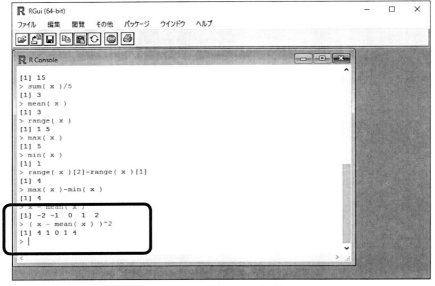

図 4.23　偏差平方の計算

4.3 分散

　　　　sum((x – mean(x)) ^2)

偏差を計算して，その2乗を計算して，最後にそれらの合計を求めています（図4.24）．

　ピンと来なかった人も安心してください．実際に手計算で試してみれば，Rが何をしているのか，理解できると思います．さあ，ここまで来れば分散は簡単に計算できますね（図4.25）．

　　　　sum((x – mean(x)) ^2) / (5 – 1)

　平均と同じように，分散も頻繁に計算されますから，最初から一発で答えが求められる呪文（コマンド）が用意されています．

　　　　var(x)

です．分散を英語では「variance」といいます．この最初の3文字をコマンドの名前にしました（図4.26）．

　ついでですから，標準偏差も計算しておきましょう．標準偏差は分散の平方根ですね．ですから，

　　　　sqrt(var(x))

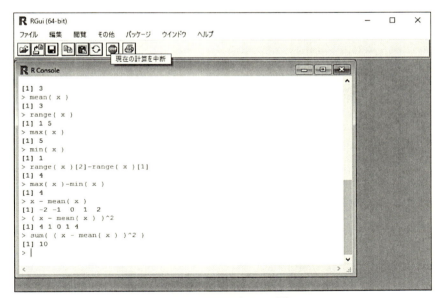

図4.24　偏差平方和の計算

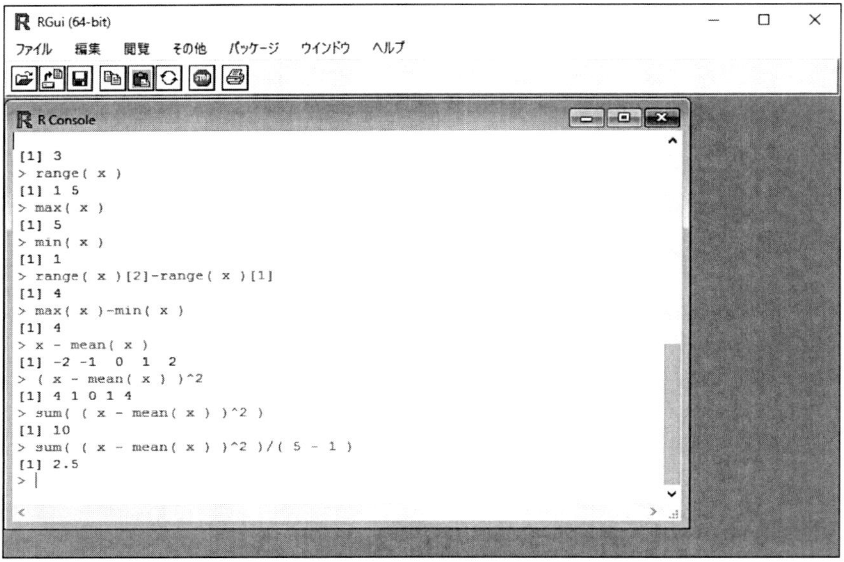

第4章 簡単な統計分析をしてみよう

図4.25 分散の計算（その1）

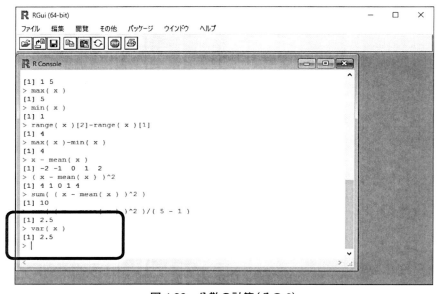

図4.26 分散の計算（その2）

4.3 分散

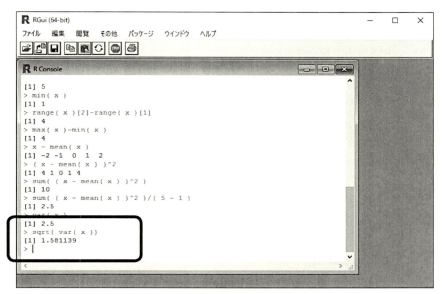

図 4.27　標準偏差の計算（その 1）

です．xの分散を計算して，その平方根を計算する，というコマンドです（図 4.27）．

標準偏差も，統計ではしばしば利用します．ですから，一発で計算できるコマンドも用意されています．

　　　sd(x)

です（図 4.28）．標準偏差を英語では「standard deviation」と呼びます．この頭文字をつなげたものがコマンド名の由来です．

　Rでは，基本的には数式どおりに入力すれば，大抵の公式をRのコマンドに変えて計算することが可能です．もちろんΣの代わりにsumを使うなどの変換は必要になります．さらにコマンドを覚えれば，よく使う計算は，一発で答えを出すことができるようになります．今回は暗算でも手計算でも大した手間ではないデータを対象に試してみましたが，100個も1,000個もあるような実際のデータでも，ひとたびRに入力してしまえば，まったく同じように計算ができるのです．

75

第4章 簡単な統計分析をしてみよう

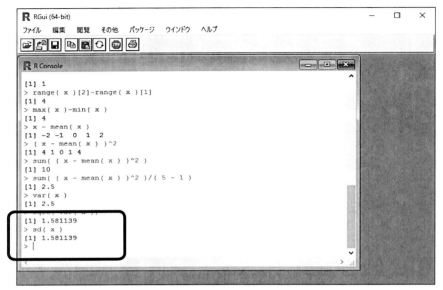

図4.28　標準偏差の計算（その2）

4.4　相関係数

　この章の最後は，相関係数の計算です．ここではRに内蔵されているサンプル・データを利用してみましょう．Rはさまざまな計算を行うためのコマンドがありますが，それ以外に，手法の勉強などのため，簡単なサンプル・データがたくさん収められています．今回はその中の「アンスコムの数値例」を使ってみます．

　Rには最初からたくさんのサンプル・データが内蔵されています．データを自分で用意しなくてもさまざまな統計手法を実際に試してみることができる，いくつかの異なる手法を適用してみて結果がどのように異なるのかを比較することができる，などの目的で用意されています．現在どのようなサンプル・データが使えるのか，を知りたいときには

　　　　data( )

と入力してみてください．一覧表が別ウィンドウで表示されます(図4.29)．

　左側の列にサンプル・データの名前が，その右側には簡単な説明が英語

4.4 相関係数

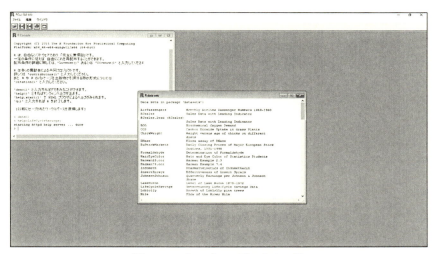

図 4.29 サンプル・データの一覧

で書かれています．サンプル・データの詳細を知りたいときには，

  help(サンプル・データ名)

と入力してみてください．ブラウザが立ち上がり，詳細な説明が表示されます．ただし，説明は全部英語です．サンプル・データを使ってみたいときには，

  data(サンプル・データ名)

と打ち込めば OK です．それ以降，サンプル・データ名と同名の変数が自動的に用意され，その中にサンプル・データが入力されています．

　アンスコムの数値例とは，フランク・アンスコムという統計学者が論文中で紹介した数値例です．4 組のデータなのですが，それらの散布図を描いてみると，まったく異なる形をしています．にもかかわらず，相関係数を計算すると 4 組とも同じ値になります．回帰分析によって直線を描いてみると，まったく同じ回帰直線になってしまう，という不思議なデータです．回帰分析の講義では，「まずは散布図を描いてみて，直線のあてはめが妥当かどうかを判断してから回帰分析を行いましょう」という説明の際に，例として取り上げられたりします．では，R に内蔵されているアンスコムの数値例を確かめてみましょう．以下のように入力してください．

77

第 4 章　簡単な統計分析をしてみよう

　　　　data(anscombe)

　　　　anscombe

最初の data(anscombe) は，組み込まれているサンプル・データ anscombe を使います，という宣言です．この宣言の後，変数 anscombe でサンプル・データを使うことができるようになります．図 4.30 からもわかるように，全体で 11 行 8 列のデータです．変数名からわかるように，1 列目と 5 列目，2 列目と 6 列目，3 列目と 7 列目，そして 4 列目と 8 列目が，それぞれ対応しています．グラフの描き方は次の章できちんと説明しますが，ここではともかく散布図を描いてみましょう（図 4.31，図 4.32）．

　　　　一組目のデータの散布図を描く：plot(anscombe[, c(1, 5)])

　　　　二組目のデータの散布図を描く：plot(anscombe[, c(2, 6)])

　三組目，四組目のデータの散布図をどうすれば描けるか，ご自分で考えてみてください．

　4.3 節と同様に，相関係数の定義式から順番に計算することも可能ですが，だいたい様子はわかったでしょうから，ここではいきなり相関係数を

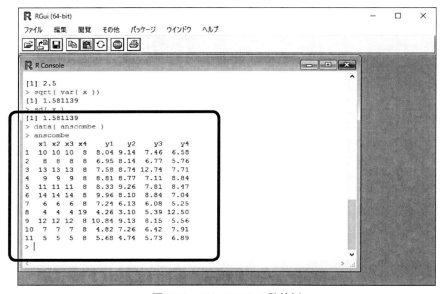

図 4.30　アンスコムの数値例

4.4 相関係数

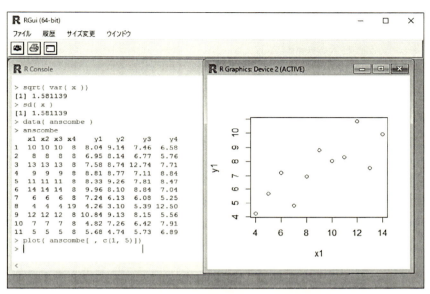

図 4.31　アンスコムの数値例・一組目の散布図

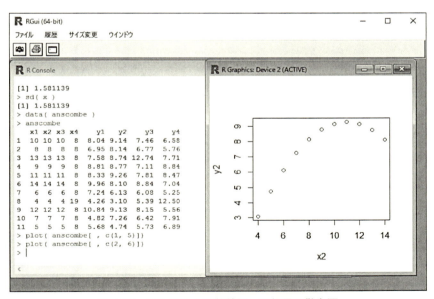

図 4.32　アンスコムの数値例・二組目の散布図

第 4 章　簡単な統計分析をしてみよう

計算するコマンドをご紹介しておきます．まずは，相関係数の定義式．

$$r = \frac{\sum (x_i - \bar{x})(y_i - \bar{y})}{\sqrt{\sum (x_i - \bar{x})^2} \sqrt{\sum (y_i - \bar{y})^2}}$$

言葉に直すと，x と y の偏差積和を，x の偏差平方和の平方根と y の偏差平方和の平方根で割ったもの，となります．今まで R の使い方を学んできたみなさんなら，この定義式さえあれば，何とか R で計算ができるはずです．興味のある人は挑戦してみてください．

さて，そうはいっても結構大変ですから，ここではいきなり相関係数を求めるコマンドを紹介します．データが x，y という 2 つのベクトルに代入されているとき，それらの相関係数を求める関数は以下のとおりです．

　　　　cor(x, y)

相関係数を英語では「correlation coefficient」といいます．コマンド名は，この言葉の最初の 3 文字をとったものです．では実際に，一組目のデータの相関係数を求めてみましょう．

　　　　x <- anscombe[, 1]
　　　　y <- anscombe[, 5]
　　　　cor(x, y)

計算結果は 0.816… となりました．では，同じように二組目の相関係数も計算してみてください（図 4.33）．

間違えていません．相関係数の値は，今回も 0.816… となりましたね（図 4.34）．小数点以下 4 桁目以降は少し違いますが，ほぼ同じ値です．3 組目，4 組目もご自分で確かめてみてください．同じような値になるはずです．

今回の数値例からの教訓は，いきなり相関係数を求めたりせず，まずは散布図など，きちんとグラフ化をしましょう，ということでしょう．R では，いったんデータを取り込んでしまえば，今回説明したように，散布図を描くことも，平均や分散，相関係数を計算することも簡単にできます．手書きや手計算では大変苦労することも，R を使えば一瞬です．そして何よりも素晴らしいのは，このようなシステムが無料で配布され，自由に使えるということです．

4.4 相関係数

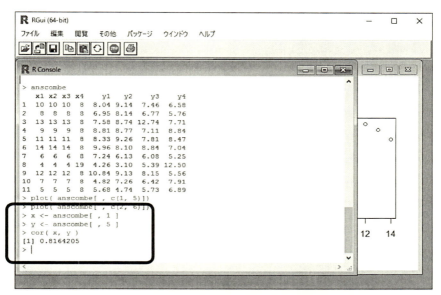

図 4.33 アンスコムの数値例・一組目の相関係数の計算

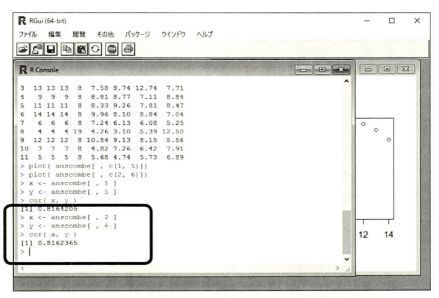

図 4.34 アンスコムの数値例・二組目の相関係数

第4章　簡単な統計分析をしてみよう

次章では，簡単なグラフ化について説明します．

第5章
簡単なグラフを描いてみよう

5.1 ヒストグラム

　Rでは，単に計算をするだけではなく，さまざまなグラフを描く機能も充実しています．この本では，みなさんがよく使うであろう，ヒストグラムと散布図の描き方について，簡単に説明していきます．

　ヒストグラムを描くコマンドは，hist(データ，各種オプション)です．ここでは，標準正規乱数(平均が0，分散が1^2の正規分布に従う乱数)を1000個発生させ，そのヒストグラムを描いてみましょう．

　まずは，まったくオプションを付けない場合です．hist(rnorm(1000))とコマンドを入力してみましょう．rnorm(1000)とは，標準正規乱数を1000個発生させよ，というコマンドです(図5.1)．

　hist( )コマンドで，何もオプションを付けなかった場合，スタージェスの公式に従って柱の数を決めて，それらしいヒストグラムを描いてくれます．スタージェスの公式とは，見やすいヒストグラムを描く際の目安を教えてくれる公式で，

$$k = 1 + \log_2 N$$

という式で表されます．データ数がNのとき，上記の式で計算したkを柱の数にすると見やすい，というもので，例えばデータ数が64のときには7本，データ数が128のときには8本，となります．

　これでも十分使えるのですが，まずはグラフの「タイトル」を変更してみましょう．タイトルの変更にはmain="タイトル文字列"というオプションを付けます．タイトルの文字列には日本語を使うこともできますが，使い勝手が悪いので，あまりお勧めはしません．ともあれ，実際にタイトルを変更してみましょう．

第5章 簡単なグラフを描いてみよう

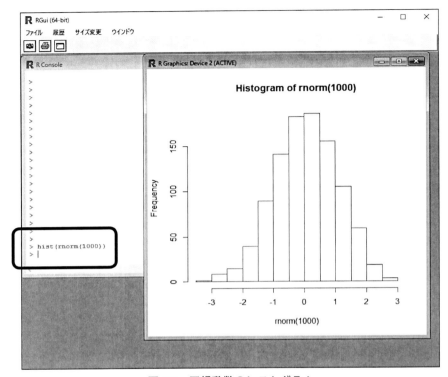

図 5.1　正規乱数のヒストグラム

　hist(rnorm(1000), main="正規乱数のヒストグラム")と打ち込んでみてください(図 5.2)．

　同じように，X 軸のタイトルは xlab="X 軸のタイトル"，Y 軸のタイトルは ylab="Y 軸のタイトル"というオプションを付けます．
hist(rnorm(1000), xlab="データ", ylab="頻度", main="正規乱数のヒストグラム")と打ち込んでみてください(図 5.3)．

　もし，ヒストグラムの中を塗りつぶしたいときに使うオプションが，col＝色番号 です．試しに，以下のコマンドを入力してみてください．

　　　　hist(rnorm(1000), col=2)

赤で塗りつぶされました(図 5.4)．では，ほかの数字を入れてみてください．3 だと緑，4 だと青で塗りつぶされます．1 は真っ黒，5 は水色です．

84

5.1 ヒストグラム

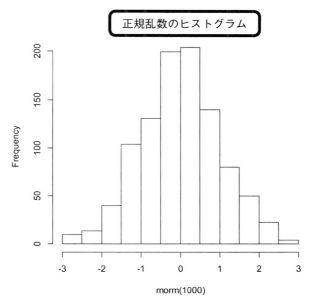

図 5.2　ヒストグラムのタイトル変更

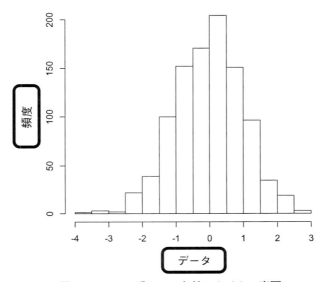

図 5.3　ヒストグラムの各軸のタイトル変更

第 5 章　簡単なグラフを描いてみよう

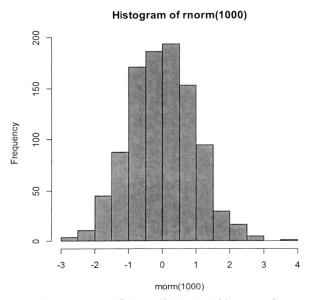

図 5.4　ヒストグラムの塗りつぶし（赤：col=2）

　グラフの標題や軸の名前を変更するオプションは，グラフを描画する都度入力する必要があります．今回は色の変更を試してみるために，省略してあります．
　最後に，区切りをスタージェスの公式を使って自動的に決めるのではなく，自分で決めたい場合のオプションを説明しておきます．例えば，柱の区切りを，-3.5，-2.5，-1.5，-0.5，0.5，1.5，2.5，3.5 としたい，などというときには，以下のような区切りを示すデータを用意します．変数名はわかりやすいように kugiri としましたが，実際に使う名前はみなさんがわかりやすいもので構いません．

　　　　　kugiri <- c(-3.5, -2.5, -1.5, -0.5, 0.5, 1.5, 2.5, 3.5)

　このような区切りを示すデータが用意できたら，以下のオプションを付けてあげればよいのです．

　　　　　breaks = 区切りを示すデータ

　実際にヒストグラムを描いてみましょう．hist(rnorm(1000), breaks=

5.1 ヒストグラム

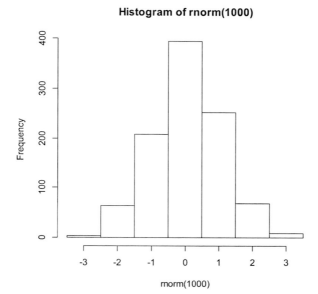

図 5.5　ヒストグラムの区切りを指定した場合

kugiri）と入力してみてください．

　これらのオプションは，すべて組み合わせることができます．オプションを駆使すると，見栄えのよいグラフを描くことができます（図 5.5）．

　さて，せっかく描いたグラフですから，ご自分の報告書に張り付けてみたくなりませんか？　ワードプロセッサにグラフを張り付ける方法をお教えします．

　図 5.6 のように，グラフが表示され，なおかつそのグラフがコンソールよりも「上」に表示されているとき，グラフのどこかでマウスを「右クリック」してみてください．

　メタファイルにコピー，ビットマップにコピー，などのサブメニューが表示されます．「コピー」というのは，クリップボードにコピーするという動作で，「保存」というのはファイルに保存するという動作です．拡大・縮小してもきれいなグラフのままなので,「メタファイル」にコピー・保存をお勧めします．コピーすれば，ワープロの画面に移って

第 5 章 簡単なグラフを描いてみよう

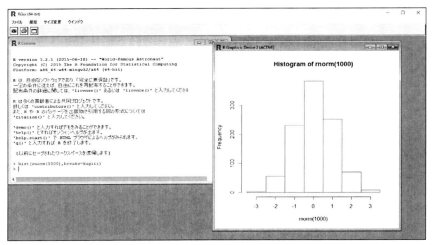

図 5.6 グラフの貼り付け

「ペースト」すれば，グラフをワープロの文書に貼り付けることができます．メタファイルにしておくと，ワープロ上でグラフを拡大・縮小しても，美しさは変わりません．

5.2 散布図

散布図も同じように，R で描くことができます．基本的なコマンドは，
　plot(X 軸のデータ，Y 軸のデータ，各種オプション）です．こちらも，乱数を使って描いてみましょう．

　　　　plot(rnorm(1000), rnorm(1000))
と入力してみてください（図 5.7）．

　散布図の場合，全体のタイトルを示す main="散布図のタイトル"，X 軸のタイトルを示す xlab="X 軸のタイトル"，そして Y 軸のタイトルを示す ylab="Y 軸のタイトル"，の 3 オプションが利用可能です．実はほかにもいろいろなオプションがあるのですが，今回はここまでにしておきましょう．それではすべてのオプションを使った散布図を描いてみましょう（図 5.8）．

5.2 散布図

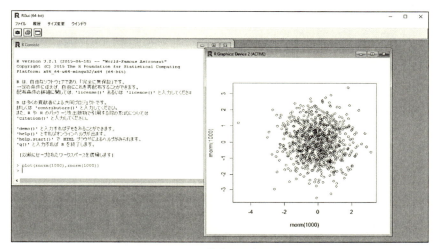

図 5.7 散布図の描画

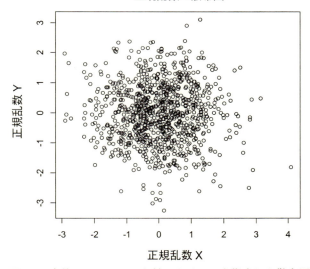

図 5.8 全体のタイトル，各軸のタイトルを指定した散布図

plot(rnorm(1000), rnorm(1000), main="正規乱数の散布図", xlab="正規乱数 X", ylab="正規乱数 Y")と入力してみましょう．

このように，データさえ用意すれば，簡単に R でグラフを描くことが

第 5 章　簡単なグラフを描いてみよう

できます．そう，「データさえ用意すれば」です．今回は簡単のため，正規乱数を使いました．でもそれではおもしろくありません．実際のデータを使って，ヒストグラムや散布図を描いてみたいですよね．でも，第 4 章で説明したように，毎回データを入力していたのでは，ミスも増えるし，面倒です．最初から Excel か何かのデータが用意されているのに，毎回手入力するのはばかげていますよね．次の章では，データをファイルに用意して，それを R に読み込ませる，ということについて説明していきます．

第6章
データをファイルから読み込んでみよう

　第4章や第5章で示した例のように，たかだか10個くらいのデータなら，毎回キーボードから入力したところで大した手間ではありません．しかしながら，実際のデータ解析では，100個や1000個のデータを取り扱うなど，ごく当たり前の話です．最近の生産現場などでは自動計測やそのデータに基づくフィードバック制御，フィードフォワード制御が進んでいます．みなさんの現場でも，半日分で1万ものデータが制御用のパソコンに蓄えられている，などということも珍しくはないでしょう．そのような大量のデータを毎回キーボードから入力するのでは，とても大変だし，ミスも起きてしまうに違いありません．そこで，データ解析を行うときには，データはファイルとして保存しておき，そのファイルを読み込んで解析を行うのが，一般的なやり方です．この章では，Windowsに標準で備わっている「メモ帳」というアプリケーションを使った，簡単なデータファイルの作り方と，表計算ソフトとして圧倒的なシェアを持っている「Microsoft Excel」を使った表形式のデータファイルの作り方を説明します．

　実は，あるアプリケーションで作ったデータを別のアプリケーションに読ませる，という作業は，パソコンで使っているそれぞれのアプリケーションの「ファイル形式」に関する深い理解が必要です．また，パソコンの外部記憶装置，例えばハードディスクなどの内部に作られている「フォルダ構造」に関する知識も必要です．しかしながら，それらをきちんと説明するのは，この本の内容を超えていると筆者は考えています．パソコンは，すべて人間が一所懸命考えて作ったものです．「ファイル形式」や「フォルダ構造」も，人間が考えて作ったものです．ですから，今のパソコンがあるのは，それなりの理屈もあるし，それなりの歴史的経緯もあり

ます．

　右ハンドルの国産車では，方向指示器(ウィンカー)を操作するスイッチは運転手の右側にあります．一方ワイパーを操作するスイッチは運転手の左側にあります．ところが左ハンドルの海外車ではまったく逆で，ウィンカーのスイッチは運転手の左側に，ワイパーのスイッチは運転手の右側にあります．なぜだか，その理由をご存知ですか？　ところが，アクセル，ブレーキ，クラッチというペダルに関しては，右ハンドルでも左ハンドルでも右から順番に，アクセル，ブレーキ，クラッチという順番です．マニュアル車やオートマチック車のギアはほとんど常に車の真ん中にあります．これらの理由をご存知ですか？

　自動車に関するこれらの「決まり」も，実はそれなりの理屈や，それなりの技術的制約や，それなりの歴史的経緯があります．でも，なぜそうなっているのかを知っているかどうかと，自動車を上手に運転できるかどうかには，あまり関係がありません．パソコンも同じだと思ってください．この本の読者は，パソコンを使いこなして，統計を楽しみたいと思っているはずです．ですから，理屈に関しては深追いせず，「こうすれば使えるよ」という話をしていきたいと考えています．

6.1 「メモ帳」を使ってデータを入力してみよう

　Rにデータを読み込ませるためには，どんな形でデータを用意してあげればよいのでしょうか？　そのことを説明するために，「メモ帳」を使って，簡単なデータファイルを作ってみます．「メモ帳」はテキスト・エディタと呼ばれるアプリケーションの一つです．テキスト・エディタという名前のとおり，テキストを編集するためのアプリケーションです．パソコンの世界で「テキスト」というと，「文字だけが並んでいる情報」というような意味です．ワードプロセッサでは，太字にしたり，イタリックにしたり，書体を明朝からゴシックに変えたりなどの「装飾」を施すことができますが，テキスト・エディタでは，ひたすら「文字」だけが並んだファイルを作ることができます．

6.1 「メモ帳」を使ってデータを入力してみよう

　データファイルを作る方法には，大きく分けて3通りあります．どの方法でも構いませんが，「オススメ」はこのあと説明する「カンマ区切り形式」です．理由は後ほど説明します．

　今回は，以下のようなデータを入力してみます．

　　　　10, 8, 13, 9, 11, 14, 6, 4, 12, 7, 5

という11個のデータです．この数字そのものにも，並びにも何も意味はありません．

　さて，データファイルを作る方法には3通りあると言いましたが，

- 空白区切り形式
- タブ区切り形式
- カンマ区切り形式

の3通りです．名前を聞くだけで，ほぼどのような形でデータを入力すればよいのか，想像がついてしまうと思いますが，実際にやってみましょう．まずは「空白区切り形式」です(図6.1)．

　メモ帳を起動して，「データ」「スペース」「データ」……と入力していってください．きちんと入力できると，以下のようになるはずです．このようにして作成したファイルを，データとデータの間を「スペース＝空白」で区切っているので，「空白区切り」のデータファイルと呼びます．一番基本的で簡単なデータファイルの作り方です．

　以下に示す画面例では，スペースを一回だけ押して作りましたが，デー

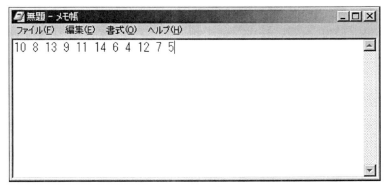

図6.1　空白区切りデータの入力

第6章 データをファイルから読み込んでみよう

タとデータの間に複数個のスペースが入力されていても，問題ありません．連続するスペースは，Rが読み込む際にすべて「1つのスペース」と解釈されます．

　ここまでの説明と，画面表示を見れば，残りの2つの作り方も想像がつくと思います．

　「データ」「TABキー」「データ」「TABキー」……と入力していくと，次にようになります．TABキーは，普通キーボードの一番左，上の方にあります．これは，データとデータの間を「TAB」で区切っているので，タブ区切り形式と呼んでいます(図6.2)．

　スペースとタブを見比べてみると，タブ区切りでは単にたくさんスペースが打ち込まれているだけのように見えます．見た目はそれで正しいのですが，中身は「スペース」と「タブ」では異なる「記号」が記録されているのです．ですので，画面表示が上記と同じになるようにスペースを複数回打ち込んでも「タブ区切り形式」にはなりません．この辺りが，パソコンにあまり詳しくない人にとっては，「わけがわからない」ということの原因になったりするのかもしれません．

　最後は「カンマ区切り形式」です．もう，わかりましたね．「データ」「カンマ(,)」「データ」「カンマ(,)」……と入力していくと，次のようになります．データとデータの間をカンマで区切っているので，「カンマ区切り形式」と呼ばれています(図6.3)．

　Rは，ここで説明した3通りの作り方で作られたデータファイルを，ど

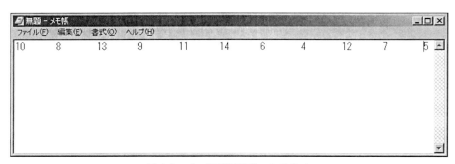

図6.2　タブ区切りデータの入力

6.1 「メモ帳」を使ってデータを入力してみよう

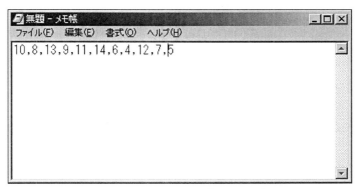

図 6.3　カンマ区切りデータの入力

れでも読み込むことができます．ただし，1つだけ注意．例えば，ファイルの1行目を「空白区切り」で，2行目を「カンマ区切り」で，というように，複数の形式を混在させてはいけません．いかに優秀なRでも，混乱してしまい，こちらの意図どおりには読み込んでくれません．

　さて，せっかく作ったデータファイルをRに読み込ませるためには，一回ファイルを保存して，「メモ帳」を終了しなければなりません．実はここにもう1つ「鬼門」があります．ファイルを保存する「場所」です．ファイルを保存するときに「名前」をつけて保存するのですが，パソコンの中にはたくさんの「棚」ができていて，その特定の「棚」にファイルを保存しているのです．イメージとしては，『『品質管理グループ』の『山田さん』の『データ』という棚の中に「カンマ区切り形式」という名前のファイルを保存する，という感じです．棚が1つしかなければ，ファイルを探すのは簡単です．そこをよく見ればよいだけです．ですが棚があちこちにあると，いざファイルが必要になったときに大変です．どこに保存したのか忘れてしまうからです．もっと厄介なのは，本人は「いつもの棚」に保存しているだけなので，いざ「どこにあるのか？」と尋ねられても，ちゃんと答えられないことがあるのです．

　メモ帳は棚Aにファイルを保存しました．Rは棚Bからファイルを読み込もうとします．当然ファイルは見つかりません．保存した本人は，ちゃんと保存したはずなのに，見つからないと怒られてしまった，とパ

第 6 章　データをファイルから読み込んでみよう

ニックになってしまうのです．パソコンにあまり詳しくない人が，陥りがちの状況です．これはパソコンを使っている人が悪いわけではなくて，パソコンがまだまだ初心者に優しくない，というのが原因です．そのうちにもっと初心者に本当に優しいパソコンが出てくるかもしれませんが，それを待っているわけにもいきません．必ずうまくいく方法をお教えします．

　あなたが R を使うようになってから，あなたのパソコンのどこかに「.RData」というファイルが作られているはずです．これは R が勝手に（とは言っても，あなたの許可を得て）作っているファイルです．これを探してください．普段ファイルを保存しているどこかに必ずあるはずです．あなたが使っているパソコンが Windows なら「PC＞ドキュメント」の中にあると思います．自分で見つけることが難しい場合には，パソコンに詳しい人に，お願いして探してもらってください．きっとすぐ見つけてくれると思います．

　見つかりましたか．それは何よりです．今後，データを入力したファイルを保存するときには，必ずそのフォルダに保存するようにしてください．簡単に R で読込みができるようになります．

　パソコンが詳しい人へ．R では，ファイルの「フルパス」を指定すれば，パソコンの外部記憶装置のどこにあるファイルも読み込むことができます．プロトコルを含む URL を指定すれば，インターネット上に公開されているファイルも直接読み込むことができます．ファイル名のみを指定すると，R に設定されている既定の作業フォルダからファイルを読み込もうと試みます．既定の作業フォルダは，ユーザの「文書（ドキュメント）」フォルダに設定されています．フルパスを記述する際，Windows では，フォルダ名の区切りとして「￥」を使いますが，R は Unix 由来のアプリケーションなので「￥」の代わりに「／」を使う必要があります．

　さて，「.RData」というファイルが保管されているフォルダを見つけることができましたか．それでは，先ほどメモ帳で入力したデータを，そのフォルダに保存してください．ファイルの名前は，わかりやすければどのようなものでも構いません．R は，日本語の名前が付いたファイルも読み込むことが可能ですが，あまり使い勝手はよくないので，できれば半角ア

6.1 「メモ帳」を使ってデータを入力してみよう

ルファベットと数字でファイル名を付けるのがよいと思います．ここでは，「sample.dat」という名前を付けて保存しましょう．

さて，Rでこのような単純なデータファイルを読み込むための命令は scan ( ) というコマンドです．使い方は，

- 空白区切り，タブ区切りのデータファイルなら

    scan (" ファイル名 ")

- カンマ区切りのデータファイルなら

    scan (" ファイル名 " , sep= ",")

となっています．先ほどメモ帳で作成した空白区切りのデータが「sample.dat」というファイル名で保存されているなら，図 6.4 のような画面で読み込むことができます．このデータを変数 x に代入したいのであれば，図 6.5 の例のように，直接変数に代入してしまえばよいのです．

　どうでしょうか？　入力の際にルールを守り，ファイルを保存する場所を少し気をつければ，簡単にファイルの読込みができると思います．

　「以下の 30 個のデータのヒストグラムを描き，平均と分散を計算せよ」というような問題であれば，ここで説明した「メモ帳」を利用したデータ入力のテクニックが使えます．

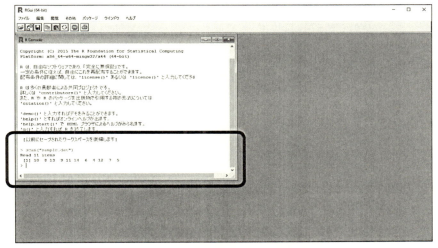

図 6.4　空白区切りデータの読込み

第6章 データをファイルから読み込んでみよう

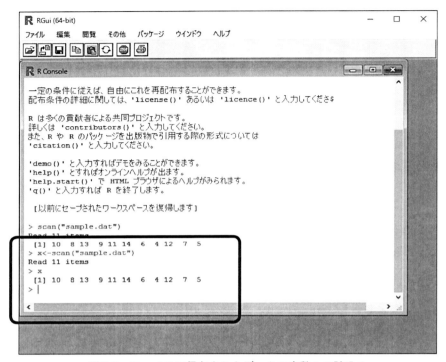

図 6.5 ファイルに保存されたデータの変数への読込み

実際の統計では，表の形で保存されているデータを利用して，さまざまな解析を行う場合が多いです．そのようなとき，さすがにメモ帳でデータを作成するのは至難の業です．表の形のデータを入力するのですから，表計算ソフトを使うのが一番簡単でわかりやすいです．次の節では，表計算ソフトを使ったデータの入力と読込みについて説明します．

6.2 「Excel」を使ってデータを入力してみよう

表の形で用意されたデータを入力して，それをRに読み込ませて，さまざまな解析を行うために必要なことを説明していきます．そのサンプルとして，2015年7月現在のAKB48チームAのメンバーリストを用意しました(表 6.1)．

表6.1 　AKB48 チーム A メンバーリスト (2015 年 7 月現在)

氏名	年齢	身長
小嶋陽菜	27	164
高橋みなみ	24	148.5
大家志津香	23	164
宮崎美穂	22	159
横山由依	22	158
中村麻里子	21	161
島崎遥香	21	157
小笠原茉由	21	151
前田亜美	20	165
中西智代梨	20	160
小嶋菜月	20	154
佐々木優佳里	19	158
入山杏奈	19	157
田北香世子	18	155
宮脇咲良	17	160
岩田華怜	17	159
白間美瑠	17	155
平田梨奈	17	149
谷口めぐ	16	159
山田菜々美	16	154
大和田南那	15	154
樋渡結依	15	151
西山怜那	14	151

　統計で利用するデータは，みな，このような「表」の形をしています．「行列形式」ともいいます．1 行目には，「氏名」「年齢」「身長」と書かれています．2 行目以降に「小嶋陽菜　27　164」のようにデータが記載されています．1 つの行が，1 つのサンプルに対応しています．1 列目は「氏名」が記載されています．これは，統計処理を行う対象となるデータではなく，サンプルを識別するための「名札」のようなものです．そのため，「サンプル名」と呼ばれています．2 列目以降に，統計処理の対象となるデータが記載されています．「年齢」と「身長」がそれに該当します．こ

第 6 章　データをファイルから読み込んでみよう

表 6.2　正しくない形式の表の例

氏名	小嶋陽菜	高橋みなみ	大家志津香	宮崎美穂	横山由依	中村麻里子	島崎遥香
年齢	27	24	23	22	22	21	21
身長	164	148.5	164	159	158	161	157

のような統計処理の対象となるデータのことを「変数」と呼びます．

　このデータは，2つの変数，「年齢」と「身長」のデータで，サンプル名として「氏名」が与えられていて，全体で23人分のデータである，というような言い方になります．このように，「行」がサンプルに対応し，「列」が変数に対応するようにデータを入力する，というのが鉄則です．ですから，表6.2のように入力してはいけません．

　違いがわかりますね．こちらの表では，「行」に「変数」が対応し，「列」に「サンプル」が対応しています．

　ちなみに，表の縦と横，どちらが行で，どちらが列か，すぐにわかりますか？　私の高等学校時代の先生に，以下のような覚え方を教えてもらいました．「漢字で『行列』という文字を書け．じっと眺めてみろ．『行』が横，『列』が縦だ．みなさんはおわかりですか？　『行列』という漢字の中には，どちらも「ニ」のような部品が含まれています．『行』の場合，その部品は「ニ」と横になっています．一方『列』の場合，その部品は「リ」と縦になっていますね．これでわかる，ということです．

　さて，表の形式でデータを用意する場合，1行目に変数の名前を書くのが鉄則です．サンプル名も1列目に書くのが一番わかりやすいです．それでは表計算ソフトを立ち上げて，実際にデータを入力してみましょう（図6.6）．

　さて，データを入力し終わりましたか．それではさっそく保存しましょう．Rに読み込ませるためには，「空白区切り形式」，「タブ区切り形式」，または「カンマ区切り形式」で保存する必要があるのでした．表計算ソフトで，そのようなことができるのでしょうか？

　メニューから「ファイル」→「名前を付けて保存」を選んでください．まずは保存する場所を選びます．先ほど調べた「.RData」が保存されてい

6.2 「Excel」を使ってデータを入力してみよう

図 6.6 表計算ソフトによるデータの入力

る場所を覚えていますね．保存場所としてそこを選びます(図 6.7)．

　私の使っているパソコンの場合は，「ドキュメント」に「.RData」が保存されていました．ですので，そこを選びます．すると，ファイル名などを入力する画面になります(図 6.8)．

　ここで，「ファイル名」の下の「ファイルの種類」の所に着目してくだ

第6章 データをファイルから読み込んでみよう

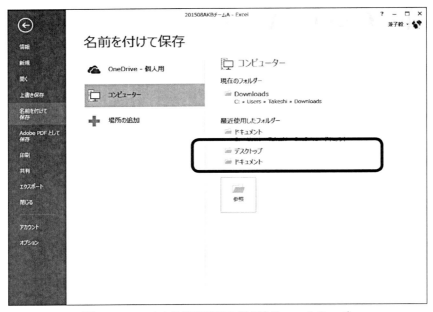

図6.7 ファイルの保存場所の選択(Microsoft Excel)

図6.8 ファイル名入力などの画面

さい．標準では「Excel ブック」が選ばれていると思います．右側の矢印をクリックすると，別の種類のファイル形式で保存できるようになります．クリックしてみましょう．

図 6.9 のようにいろいろな種類のファイルの種類が表示されています．よく目を凝らしてみると，以下のファイルの種類が見つかると思います．

「テキスト(タブ区切り)」

「CSV(カンマ区切り)」

「テキスト(空白区切り)」

まさに，私たちが探しているものです．このうちのどれかを選んで保存すれば，R で問題なく読み込むことができます．ここでは「CSV(Comma Separated Value)」を選んでみます(図 6.10)．カンマ区切り形式のデータも，メモ帳で作ったように「テキスト形式」なのですが，歴史的な経緯があって「CSV 形式」と呼ぶことが多いようです．

適当なファイル名を付けて保存しましょう．前にも説明しましたが，R は日本語のファイル名でも問題なく読み込めます．ただ，少しだけ使い勝手が悪いので，できれば半角文字だけでファイル名を付けることをお勧め

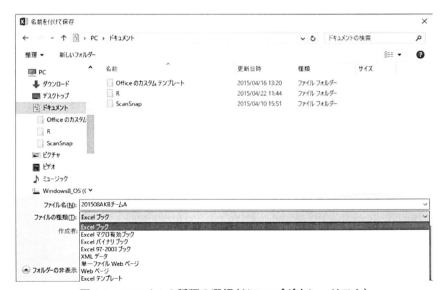

図 6.9 ファイルの種類の選択(ドロップダウン・リスト)

第 6 章　データをファイルから読み込んでみよう

図 6.10　ファイル名の入力とファイルの種類の選択

します．

　「保存」をクリックすると，図 6.11 のような警告が表示されますが，気にせず『はい』をクリックしてください．

　保存されたデータは「みなさんが付けたファイル名」.CSV という名前で保存されています．自動的に，CSV という拡張子が付けられます．

　さて，先ほど，簡単なデータファイルを読み込むときに scan( ) というコマンドを使いました．今回は最初から表形式のデータファイルなので，別のコマンドを使います．それは，read.table( ) というコマンドです．読んだまま，テーブル(＝表)を読む(＝read)というコマンドです．scan( ) コマンドと同じように，

- テキスト(空白区切り)，テキスト(タブ区切り)のデータファイルなら
  　　read.table(" ファイル名 ")
- CSV(カンマ区切り)のデータファイルなら
  　　read.table(" ファイル名 ", sep=",")

で読み込むことができます．早速読み込んでみましょう．

　データの左端にある「1　2　3　4　……」は R が自動的に付けた「サ

6.2 「Excel」を使ってデータを入力してみよう

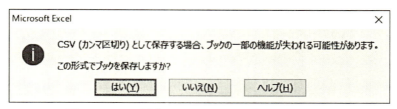

図 6.11 CSV 形式ファイルとしての保存の警告画面

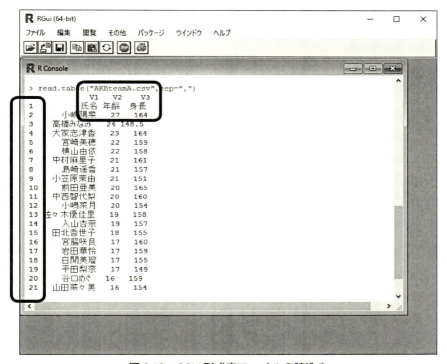

図 6.12 CSV 形式表ファイルの読込み

ンプル番号」です．データの上端にある「V1　V2　V3」もRが自動的に付けた「変数名」です（図 6.12）．あれ，おかしいですね．本来なら，「氏名」は「サンプル名」のはずで，解析対象のデータではありません．「年齢」や「身長」も「変数名」のはずで，解析対象のデータではありません．

Rは，表形式のデータを読み込むと，「すべて」を解析対象のデータとして読み込んでしまいます．そのため，「1行目は変数名が書かれていま

第6章 データをファイルから読み込んでみよう

す」,「1列目にはサンプル名が書かれています」ということを,教えてあげなければならないのです.そのオプションを以下に示します.

read.table("ファイル名", header=TRUE, row.names=1)

header=TRUE とは,1行目は変数名が書かれています,1行目はデータのヘッダーです,という意味です.

row.names=1 とは,各列のサンプル名が「1列目」に書かれています,という意味です.

これらを利用することによって,自分が意図したとおりにデータファイルを読み込ませることができるようになります.もう一度やり直してみましょう.そうそう,もし,ファイルを CSV(カンマ区切り)形式で保存したのであれば,オプション「, sep = ","」を忘れずに(図 6.13).

どうでしょうか? 今回は正しく,意図したとおりに読み込まれました.

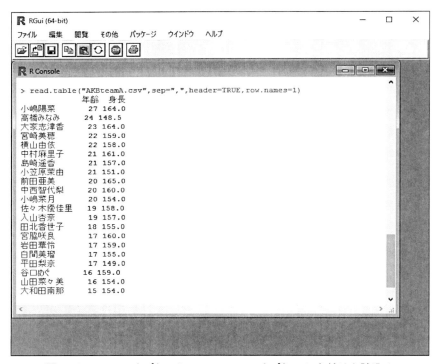

図 6.13　header オプション,row.names オプションを付けた読込み

6.3 Rによるデータの解析

最後に，ご自分でデータファイルを用意してRで解析する場合の「おすすめ」方法について説明しておきます．

1) 例えば「以下の30個のデータのヒストグラムを描き，平均と分散を計算せよ」などのように，
   - サンプル名が特に用意されていない
   - 一変数のデータの羅列

   の場合には，メモ帳などのテキストエディタでファイルを作成し，scan( )コマンドで読み込む．

2) 今回のAKB48のメンバーデータのように，
   - 2つ以上の変数が含まれているデータ

   の場合には，Excelなどの表計算ソフトでデータファイルを作成し，CSV形式でファイルを保存し，read.table( )コマンドで読み込む．

表計算ソフトでデータファイルを作成して保存する際に，CSV形式をお勧めする理由を，実例をあげて説明しておきます．先ほど作成したAKB48のデータを，もう一度Excelで開いてください(図6.14)．

ここで，例えば「小嶋陽菜」さんが「年齢非公開」だったとします．するとデータとしては「欠測値」となりますね．試しに，「27」を削除してみましょう(図6.15)．

さて，このように，現場のデータ解析では，欠測値があることなどは，普通に見られることです．このデータを，先ほどと同じように，ファイルに保存してみましょう．今回はCSV形式ではなく「テキスト(スペース区切り)」で保存してみてください(図6.16)．

今回は，拡張子が「.prn」となります．先ほどと同じように，read.table( )コマンドで読み込んでみましょう．空白区切り形式なので，sep="," オプションは不要です．

データの1行目(=小嶋陽菜さん)に，本来ならサンプル名を含めた3個

第 6 章 データをファイルから読み込んでみよう

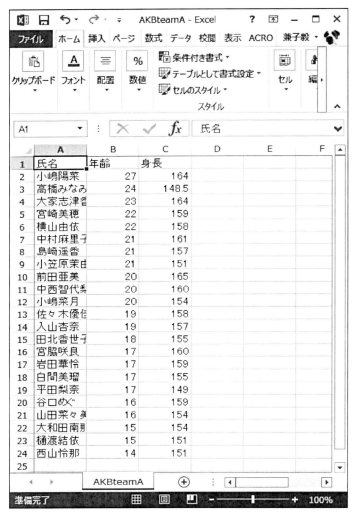

図 6.14　表形式のデータ

の要素があるはずなのに，(2 個しか)ない，というエラーになってしまいます．年齢が非公開だったので欠測値にしたのですが，読み込めない．これは困りました(図 6.17)．

　もう一度 Excel に戻って，再度 CSV 形式で保存しなおしてみてください．そして，R で CSV 形式として読み込んでみてください．

6.3 Rによるデータの解析

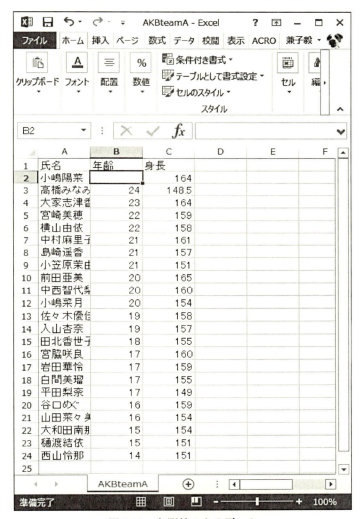

図 6.15 欠測値のあるデータ

今度は問題なく読み込まれました．「小嶋陽菜さん」の年齢の欄には「NA」と書かれています．これは，「欠測値」という意味のRの表記です（図 6.18）．

まとめます．統計などのデータ解析では，さまざまな事情で欠測値が生じてしまう場合があります．異常値，計測機器の故障，記録の取り忘れな

第6章 データをファイルから読み込んでみよう

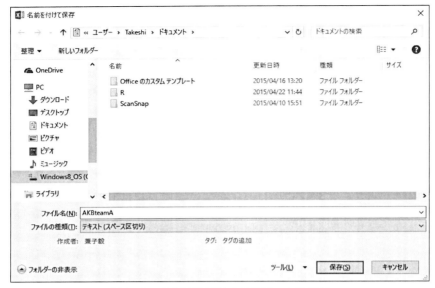

図 6.16 空白区切り形式でのデータの保存

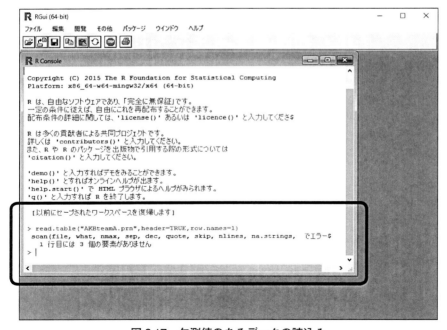

図 6.17 欠測値のあるデータの読込み

6.3 Rによるデータの解析

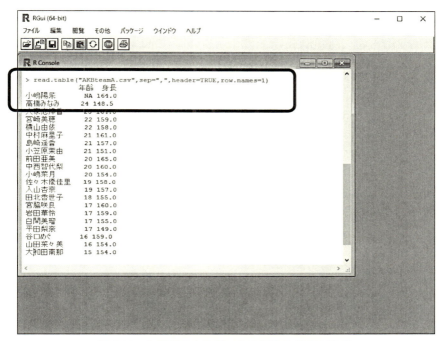

図 6.18　欠測値のあるデータの読込み（CSV 形式）

などな．そのような欠測値があるようなデータでも，Excelなどの表計算ソフトで入力し，CSV形式でRに読み込ませれば，問題なく「欠測値あり」のデータとして読み込みます．

　いかがだったでしょうか？　これですべての準備が整いました．あとは，さまざまな統計手法を勉強して，それをRで実行するためにはどのような呪文（コマンド）を使えばよいのかを調べて，実際にやってみればよいのです．ここまで頑張って読み進めてきたみなさん，いよいよRの仮免許が発行されました．まだまだ危なっかしいので，先達の指導は必要だと思います．ですが，せっかくの仮免許です．どんどん路上を走って，経験を積んでください．仮免許・路上教習のときも，少しずつ慣れて，どんどん運転がうまくなっていったと思います．Rも同じです．現場で実際に起きた問題に対し，Rで解析をしてみましょう．

第7章
あなたにもできる多変量解析

　ここでは，比較的よく用いられる多変量解析手法について，R を使って分析する方法を簡単に紹介します．それぞれの手法は，一冊の教科書となるくらいの中身ですので，この本の中ですべてを説明することはできません．ここでは，R を使うとこんなに簡単に難しい多変量解析の手法も自分でやってみることができるのだ，ということをお見せしたいと思います．それぞれの手法の理論的な解説などは他の書物に譲ることとし，ここでは R に内蔵されているサンプル・データを使って，実際に分析を行ってみることにしましょう．

7.1　クラスター分析

　クラスター分析というのは，さまざまな変数で計測されている対象の間の「距離」を計算し，近いものを「1 つにまとめて」群れを作る，ということを繰り返していき，いくつかのグループに分類してみる，という手法です．クラスターとは英語で cluster と書きますが，似ているものの群れ，というような意味です．新 QC 七つ道具に「親和図法」という手法があります．言語データをカードにして，じっくり読みながら，類似性をもとにまとめていく，という手法です．問題がぼんやりとしているときに親和図法でグルーピングしていくと，問題の全体像が浮かび上がり，その構造も見えてきます．それと同じようなことを，数値データを使って機械的にやってみよう，というのがクラスター分析です．

　クラスター分析の考え方は比較的簡単で，すべての対象(標本)間の距離を計算します．例えば 10 個の標本があれば，それらすべての組み合わせの距離(合計 45 個)を計算します．その中で一番距離が近い個体を「群れ」

第 7 章　あなたにもできる多変量解析

として 1 つにまとめてしまいます．まとめられなかった 8 個の標本と 1 つの群れ，合計 9 個のすべての組合わせの距離（合計 36 個）を再度計算します．実はまとめられなかった 8 個の標本間の距離は以前と変わりませんから，実際に計算しなおすのは，新たにできた「群れ」と他の 8 個の標本の間の距離だけです．そして，その中で一番距離が近い個体を「群れ」として 1 つにまとめてしまいます．以下同様に行い，すべての標本が 1 つの「群れ」にまとめられてしまうまで続けます．

このように書くと大変難しそうに見えますが，やっていることは，距離を計算して，近いものをくっつけて，の繰り返しです．計算自体は中学生でもできる簡単な計算ですが，何ぶん量が多く，何回も繰り返し計算する必要があります．このような単純な繰り返しは，コンピュータが一番得意とする分野です．それではさっそく R で分析してみましょう．

今回試しに分析してみるサンプル・データは USArrests という．1973 年のアメリカ合衆国 50 州の重大犯罪事件の発生率に関するデータです．

変数 1：Murder：人口 10 万人あたりの「殺人事件」発生件数
変数 2：Assault：人口 10 万人あたりの「暴行事件」発生件数
変数 3：UrbanPop：都市部に住む人口の比率（%）
変数 4：Rape：人口 10 万人当たりの「強姦事件」発生件数

ちょっと物騒なデータですね．この凶悪事件の発生データを使って，アメリカ 50 州の治安の良しあしを分類してみよう，という試みです．組み込まれているサンプル・データを使う呪文は data でしたね．では，以下のように入力してみてください．

　　　data(USArrests)
　　　USArrests

これで，50 州分のデータがざっと表示されます（図 7.1）．

例えばフロリダ州は，人口 10 万人当たりの殺人事件発生件数が 15.4 件，暴行事件発生件数が 335 件，強姦事件発生件数が 31.9 件と，かなり物騒なところだとわかります．一方ハワイ州は，同じく殺人事件発生件数が 5.3 件，暴行事件発生件数が 46 件，強姦事件発生件数が 20.2 件と，比較的治安が良さそうなことがわかります．

7.1 クラスター分析

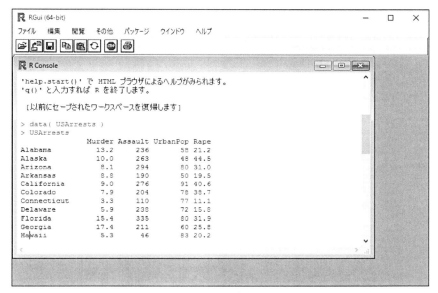

図 7.1　USArrests データの呼出し

このデータにクラスター分析を施してみましょう．やらなければならないことは以下の 4 個です．

1) データの基準化：変数が異なる単位で計測されていると，距離の計算に影響を与えてしまうので，平均が 0，分散がとなるように基準化します
   → R のコマンドは scale：ものさしとか尺度，という意味の英語 scale から来ています

2) 標本間の距離の計算：標本間の距離を計算する．「距離」といっても，実はいろいろな種類の「距離」があるのですが，ここではごく一般的な「距離」を計算します
   → R のコマンドは dist：距離という意味の英語 distance から来ています

3) クラスター分析の実施：先ほど説明したクラスター分析を実施します
   → R のコマンドは hclust：階層的クラスターという意味の hierarchical

第7章 あなたにもできる多変量解析

cluster から来ています
4) 結果の図示：クラスター分析の結果を「樹状図(デンドログラム)」で表示します
→ R のコマンドは plot：散布図以外でも使えるんです

では実際にやってみましょう．

　　　plot(hclust(dist(scale(USArrests))))

USArrests を基準化して，そのデータの距離を計算し，その距離データにクラスター分析を行い，最後に結果を図示する，ということを，一行で書いてしまいました．

瞬時に，スポーツのトーナメントのような図が描かれます(図 7.2)．これが求める「樹状図」になります．拡大しておきましょう(図 7.3)．

縦軸の「Height」というのが，結合されたときの「距離」を示しています．例えば図 7.3 の左端，「サウス・ダコタ州」と「ウエスト・バージニア州」が，おおよそ距離 0.7 ぐらいで結合して「一塊」になっています．そのとなり，「ノース・ダコタ州」と「バーモント州」が距離 1.0 くらい

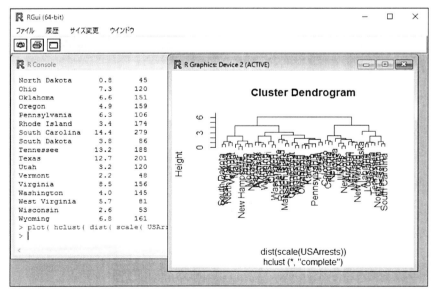

図 7.2　クラスター分析の実施

7.1 クラスター分析

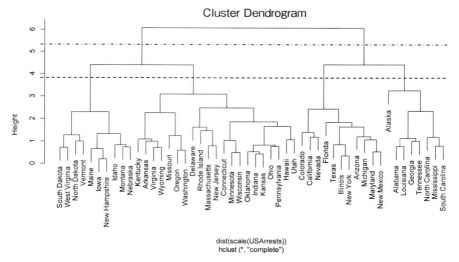

図 7.3 クラスター分析の結果（樹状図）

で結合して「一塊」になっています．さらに，「サウス・ダコタ，ウエスト・バージニア連合軍」と「ノース・ダコタ，バーモント連合軍」が距離 1.2 くらいで結合しています．

結合距離 5.2 くらい（図 7.3 では一点鎖線で表しています）で見てみると，大きく 2 つのグループに分かれていることがわかります．結合距離 3.9 くらい（図 7.3 では破線で表しています）で見てみると，それらがさらに，それぞれ 2 つに分かれ，全体では大きく 4 つのグループに分かれていることがわかります．

それぞれのグループの特徴を知りたければ，各グループの，変数の平均などを計算してみればよいのです．大きな 2 つのグループのうち左側（サウス・ダコタ州からユタ州まで）は，比較的治安の良い州のグループで，右側（コロラド州からサウス・カロライナ州まで）は比較的治安の悪い州のグループになります．それぞれがさらに 2 つに分かれますが，左から「都市部の人口が少なく，治安の良い州」，「都市部の人口が多く，治安の良い州」，「都市部の人口が多く，治安の悪い州」，そして一番右側が「都市部の人口が少なく，治安の悪い州」となります．日本人観光客にも人気があ

第7章 あなたにもできる多変量解析

るカリフォルニア州やフロリダ州は，実は治安があまり良くない州だったのですね．

クラスター分析による分類は，あくまでも分析対象となる「変数」を眺めて分類したものです．別の変数を用意してクラスター分析を行えば，まったく異なる分類になるかもしれません．「分類」は，「分かる」ことの第一歩です．計測してみたデータだけで分類してみたらこうなった，というような軽い感じで，いろいろ試してみてください．何か新しい気づきがあるかもしれません．

7.2 主成分分析

主成分分析は，たくさんの変数で計測されている対象を，なるべく情報を失うことなく，少数の「主成分」で表現し，対象の特徴などを見やすくグラフ化するときなどに使います．中で行われていることは少し難しくて，データの分散・共分散行列（または相関係数行列）を計算し，その固有値と固有ベクトルを求める，ということをしています．きちんと理解するためには，理系の大学で教わる数学（線形代数）の知識が必要となります．ここではあまり難しいことは考えず，もともとのデータが持っている情報をなるべく損なうことなく，2変数や3変数ぐらいにぐっとコンパクトにして，全体像を見やすくする，というくらいに理解しておいてください．新QC7つ道具の中の唯一のデータ解析手法である「マトリックスデータ解析法」は，この主成分分析を行うことが一般的です．

現場の改善活動でN7をよく使っているという人たちでも，「マトリックスデータ解析法」は何となくとっつきにくいと思っている人が多いのではないでしょうか．データを用意してRに分析させると，あっという間にできてしまうのです．今回は，データを読み込ませて，いきなり2次元の散布図を描いてみる，ということを試してみましょう．前節と同様，USArrestsのデータを使います．

主成分分析を行うときに，分散・共分散行列から始めるか，相関係数行列から始めるか，というオプションがあります．生データをそのまま使う

7.2 主成分分析

のであれば，分散・共分散行列から始めます．生データの計測単位などが異なるとき，その影響を避けるためにすべての変数を平均が 0，分散が 1 となるように基準化してから分析をするのであれば，相関係数行列から始めます．ここでは，計測単位の影響を避けるために，相関係数行列から始めてみることにします．とはいっても，ご自分で相関係数行列を一所懸命計算する必要はありません．R に一言，「相関係数行列で分析してね」とお願いするだけです．

主成分分析を行うコマンド（呪文）は，princomp（データ，オプション）です．主成分分析を英語では principal component analysis といいます．PCA と略したりもします．R のコマンドは，英語の名称を，何となく発音しやすく短縮したものです．オプションにもいろいろありますが，ここでは 1 つだけ．相関係数行列から始めよ，というオプションを付けます．cor=TRUE というオプションになります．相関係数は英語では correlation というので，その頭文字 3 文字をとって，cor です．TRUE とは，「真偽」の「真」のことなのですが，ここではイエス・ノーの「イエス」ぐらいの意味だと思っておいてください．つまり，cor=TRUE というオプションは「相関係数＝イエス」，つまり，相関係数から始めてください，という意味になります．

主成分分析の結果を図示するコマンド（呪文）は biplot です．あれ，plot ではないのですね．頭の「bi」とは何でしょうか？　これは英語で「2」を表しています．例えば「bicycle」＝「bi＋cycle」＝「2 つの＋一周」＝「2 つの車輪がある乗り物」＝「自転車」のように．ですので，biplot は 2 つのグラフを描きます．どんなグラフになるのでしょう．実際にやってみたほうが早いですね．

biplot(princomp(USArrests, cor = TRUE))

と入力してみてください．すると，図 7.4 のような画面が出ます．

ここでも，グラフだけを拡大しておきます（図 7.5）．

biplot は，2 つのグラフを描くというよりは，2 つのグラフを「重ねて」描くコマンドでした．図 7.5 の「黒い文字」で表されているのは，50 の州の名前です．主成分分析を施した結果，図 7.5 に示したような散布図上に

第7章 あなたにもできる多変量解析

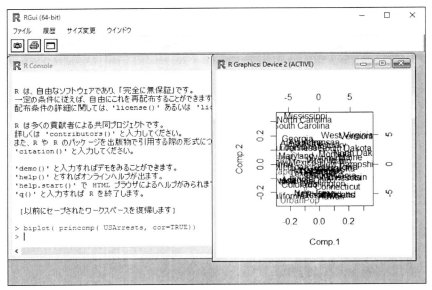

図 7.4 主成分分析の結果

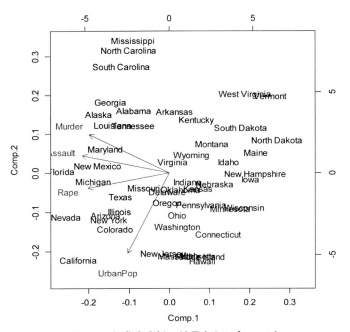

図 7.5 主成分分析の結果（バイプロット）

50 州がプロットされている，というわけです．左側には「フロリダ州」，左下には「カリフォルニア州」，右上のほうには「サウス・ダコタ州」と「ノース・ダコタ州」がプロットされていますね．USArrests のデータを主成分分析にかけたら，何だかよくわからないけれど，図 7.5 のような散布図に各州がプロットされた，ということです．では，この図 7.5 の縦軸，横軸はいったい何なのでしょうか．

その意味を教えてくれるのが，4 本の矢印(パソコン上では赤い色で表示されています)です．原点から左のほうに，「Murder」，「Assault」，そして「Rape」という矢印が伸びています．これは，その矢印の方向に行けば行くほど，その変数の値が大きくなる，ということを示しているのです．つまり，散布図の左のほうへ行けば行くほど，「Murder」，「Assault」，そして「Rape」の値が大きくなる，ということです．つまり，図 7.5 では，左に行くほど「治安が悪い州」，右に行くほど「治安が良い州」ということですね．もう一本，「UrbanPop」という矢印が原点から下のほうに伸びています．もうわかりますね．下の行くほど「都市人口が多い州」，上に行くほど「都市人口が少ない(農村人口が多い)州」ということになります．

多変量データ，すなわち変数がたくさんあるデータは，全体を一目で見る，ということがきわめて難しい．そのため，直感的に把握することが難しいのです．ここでご紹介した主成分分析を用いると，もとのデータの情報をほとんど失うことなく(今回の例では，図 7.5 の散布図は，もともとのデータが持っている情報の 87％が表現されています)，図 7.5 のように一目で全体の様子を把握できるグラフを描くことができます．手法を使いこなすためには，もっと勉強しなければなりませんが，まずはいろいろなデータに適用してみませんか．N7 を活用しているチームでも，簡単に「マトリックスデータ解析法」を試してみることができるようになります．

7.3 対応分析

対応分析も，主成分分析と同様，多変量データから図 7.5 のような散布図を描いて，全体を一目で眺めることができる手法です．ただし，主成分

第 7 章　あなたにもできる多変量解析

分析と異なり，対応分析では「計数値」が対象となります．この手法も，中で何が行われているのかをきちんと理解するためには，難しい学術書を読まなければなりません．R を使って分析するのは，そのような中身に対する理解が不十分でも，ともかく分析してみることができる，というのが利点です．もちろん，それは逆の意味で「よくない点」でもあるのですが，ね．生産の現場では多くの場合計量値が得られるので，あまり対応分析を使う機会はないかもしれません．サービスの現場などの場合は，アンケートの集計結果など，むしろ計数値でデータが得られる場合が非常に多いです．そのような計数値データに対して対応分析は非常に有効です．マーケティング・リサーチなどの分野では，ほぼ必須の手法となっています．

　手法の中身の説明は大変なので，簡単なイメージだけお伝えします．例えば，以下のようなアンケートがあったとします．

　　　Q1　支持政党は共和党ですか？
　　　Q2　支持政党は民主党ですか？
　　　Q3　コーヒーはお好きですか？
　　　Q4　紅茶はお好きですか？

このアンケートに対して，ある人は Yes，No，Yes，No と答えました．別の人は No，Yes，No，Yes と答えました．この回答のパターン，Yes や No のパターンが「似ている」人が近い場所に，パターンが逆転している人が，つまり「まったく似ていない人」が遠くなるようにプロットされる，対応分析とはそのような手法です．また，Yes，No，Yes，No と答えた人の近くに，「共和党」や「コーヒー」がプロットされる，そのような手法です．お客様の好みに関するアンケートから，お客様の全体像や，分類などが可能になるのです．

　では，実際に分析してみましょう．実は「対応分析」は標準のインストール状態では利用できません．ですが，みなさんがダウンロードした基本セットの中にはこっそり含まれているのです．そこでとびっきりの呪文を 1 つ．

　　　　　library(MASS)

これは，MASS という名前の呪文集（ライブラリ）を利用可能にする，

7.3 対応分析

という呪文です．このような呪文を使うことで，標準では備わっていないさまざまな呪文(コマンド)を追加，拡張することができるのがRの特徴です．しかもそれらはすべて無料で提供されているわけです．もちろん魔法使いも呪文の勉強をしなければ，宝の持ち腐れとなってしまいますが．

さて，サンプル・データとして，caithというデータを利用します．これはイギリス人の「目の色」と「髪の毛の色」を集計したデータです．

　　　　data (caith)
　　　　caith

と入力してみてください．すると，図7.6のような画面が表示されます．

このデータは，縦軸が「目の色」を，横軸が「髪の毛の色」を表しています．例えば「目の色」がblueで「髪の毛の色」がredの人が，38人いた，ということです．では，このデータに対応分析を施してみましょう．

1) データに対応分析を施す：corresp (データ，次数)

対応分析を英語ではCorrespondence Analysisと言います．その先頭数文字をコマンド名にしました．次数とは，対応分析で何次元まで求めるか，

図 7.6　対応分析のテストデータ

第7章 あなたにもできる多変量解析

ということなのですが，ひとまずデータの行と列の数，少ないほうを入力しておいてください．今回のデータでは4行5列なので，4を入力します．

2) 対応分析の結果をグラフ表示する：biplot

今回も biplot です．2つの結果を「重ねて」表示するのでしたね．では，早速やってみましょう．

　　　　biplot(corresp(caith, 4))

と入力してみてください．すると，図7.7のような画面になります．このグラフも拡大して掲載しておきましょう（図7.8）．

　原点に「プラス」記号が描かれています．パソコンでは，「黒い文字」と「赤い文字」が表示されているのがわかると思います．「黒い文字」はもとのデータの縦軸の要素で，今回の例では「目の色」を表しています．「赤い文字」はもとのデータの横軸の要素で，今回の例では「髪の毛の色」を表しています．

　グラフ左端には「目の色」として blue と light が，その近くに「髪の毛の色」として fair がプロットされています．これはもとのデータを眺めて

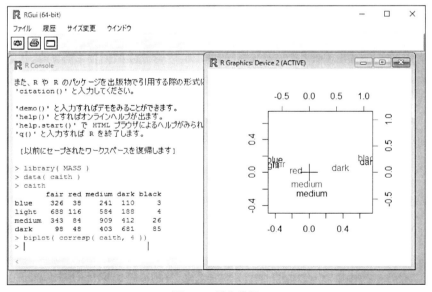

図7.7　対応分析

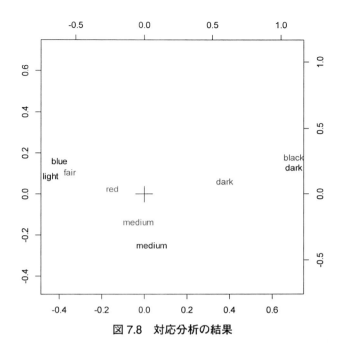

図 7.8　対応分析の結果

みると，「目の色」が blue と light の人は，「髪の毛の色」が一番多いのはfair であることがわかります．逆に，それらの「目の色」を持つ人の中には「髪の毛の色」が black の人はほとんどいません．そのため「原点」の反対側に「髪の毛の色（赤文字）」の black がプロットされているのです．

このように行要素（縦軸）と列要素（横軸）が同じ散布図上に同時にプロットされます．例えば好みの飲料のアンケートの分析であれば，飲み物 X を好きな人は，X の近くにプロットされる，ということになるのです．主成分分析と同じように，全体を一目で見渡して，それぞれの特徴をつかみやすくする手法として，対応分析は非常に強力です．もし読者のみなさんが，お客様と近いところにいるのでしたら，ぜひアンケートの集計結果を対応分析にかけて眺めてみてください．いろいろな気づきが得られると思います．

7.4 回帰分析

　回帰分析とは，ごく簡単に言うと，散布図上のプロットに「傾向線」を描くための手法です．基本的には，

$$y = \beta_0 + \beta_1 x_1 + \beta_2 x_2 + \cdots + \varepsilon$$

という関数関係になります．xを「説明変数」，yを「目的変数」と呼びます．説明変数の値が決まると，この式に従って目的変数の値が決まる，というモデルを考えています．説明変数が一つだけの場合を「単回帰分析」，複数ある場合を「重回帰分析」と呼んでいます．実は回帰分析の手法の中で行われている計算は，「連立方程式を解く」ということだけです．ですので，やろうと思えば中学校レベルの数学しかできない人でも可能です．ですがみなさんは，100元1次連立方程式なんて，解きたいと思いますか？　方程式が100個並んでいて，未知数も100個あります．掃き出し法や代入法などで，少しずつ文字を消していけばいつかは答えを求めることができますが，とても普通の人間がやる仕事ではありません．単純だけど面倒くさい仕事はパソコンに任せましょう．

付録　本書で紹介したRのコマンド

　データが変数x，yなどに代入されているとします．
　xlab= などはオプションで，何も指定しなければ既定の値で実行します．なお以下のコマンド表では，すべてのオプションを説明してはいません．本書に登場したもののみをあげています．

実行する内容	コマンド
平均値の計算	mean(x)
分散の計算	var(x)
標準偏差の計算	sd(x)
相関係数の計算	cor(x, y)
ヒストグラムの描画	hist(x, xlab="X軸のラベル", ylab="軸のラベル", main="ヒストグラムのタイトル", col=色番号, breaks=区切りを示すベクトル)
散布図などの描画	plot(x, xlab="X軸のラベル", ylab="軸のラベル", main="ヒストグラムのタイトル", col=色番号)
平方根の計算	sqrt(x)
自然対数の底のべき乗	exp(x)
合計の計算	sum(x)
最大値	max(x)
最小値	min(x)
最大値と最小値	range(x)
小数点以下切り上げ	ceiling(x)
小数点以下切り捨て	floor(x)
ベクトルデータの作成	c(x, y, z, …)
行列の作成（行列化する際，n行ごとに折り返す）	matrix(x, n)
簡単なデータファイルの読込み	scan("ファイル名", sep="データの区切り文字") sep=の規定値は「空白」です．
表形式データファイルの読込み	read.table("ファイル名", sep="データの区切り文字", header=TRUE/FALSE, row.names=標本名が書かれている列番号)　sep=の規定値は「空白」です．header=の規定値はFALSEです．row.names=の規定値はありません（標本名が書かれている列は存在しない）．
データの基準化	scale(x)　各変数を平均0，分散1^2に基準化する

付録　本書で紹介したRのコマンド

実行する内容	コマンド
ユークリッド距離の計算	dist(x)
階層的クラスター分析の実行	hclust(距離データ)
主成分分析の実行	princomp(x, cor=TRUE/FALSE) cor=の規定値はFALSEです．
対応分析の実行	corresp(x, 次元数)：MASSライブラリに格納されている．
回帰分析の実行	lsfit(説明変数, 目的変数)
回帰分析実行結果のわかりやすい表示	ls.print(回帰分析の実行結果)
2つのグラフの重ね書き	biplot(x)
多変量連関図	pairs(x, panel=panel.smooth) panel=の規定値はありません（滑らかな曲線などを描かない）．

あとがき

　ここまで読み進めてくださった読者のみなさまへ．

　すでにみなさんは，Excelなどの表計算ソフトでデータを用意して，Rに読み込ませて，簡単な分析を自分でやってみることができるようになっているはずです．この本を書くにあたり，専門的なことは専門的な本に任せる，Rの神髄についてもRの専門的な本に任せる，まずは間口を広く，敷居を低くして，誰でもRを使ってみることができるようになる，ということをめざしました．その目標が達成できたかどうかは，読者のみなさまのご判断を仰ぐしかありません．個人的には，ようやく書き終えた，という達成感でいっぱいです．

　新しいおもちゃを買ってもらって，ドキドキ，ワクワクしながら包装紙をほどき，時間がたつのを忘れるほど熱中して遊ぶ．そのような感じをRに抱いていただけたら，筆者として望外の幸せです．

　みなさんは「仮免許」の試験に合格して，ようやく路上教習に出てもよい，と言われた新米ドライバーと同じです．これからたくさんの経験を積んで，熟練ドライバーになってください．そしていつの日か，昔の自分と同じような新米ドライバーに，Rの操り方を教えてあげてください．

　みなさんの前には，底なし沼のように深く，広い統計解析の世界が広がっています．すでに世の中で使われている統計手法なら，間違いなくRで実行できるといっても過言ではありません．熟練し，技が磨かれるほど，できることが増えていくのがRです．

　これからもみなさんの良きパートナーの一つとしてRがいつも控えている．そのようになれば，著者の目的は達成できたことになります．

　最後までお付き合いいただき，ありがとうございました．

索引

【記号・A-Z】
.Rdata　96
Base　12, 13
contrib　13
CSV 形式　105, 111
Enter　32
Excel　91, 98
n　35
Rtools　13
R の特徴　3
R の歴史　2
Σ　35

【あ行】
アスタリスク　33
アンスコムの数値例　76, 77
インストール　14, 21
円周率　44
オープン・ソース　4
終わり方　31

【か行】
カーソル　31
カーソルキー　36
回帰分析　126
階層的クラスター　115

確率密度　44
確率密度関数　44
掛け算　33
関数　43
カンマ区切り　93, 95, 103
行ベクトル　56
行列　49, 57
行列型　64
行列形式　59
切り上げ　46
切り捨て　46, 47
空白区切り　93, 103
区切り　86
クラスター分析　113, 116
グラフ　83
　　——の貼り付け　88
グルーピング　113
傾向線　126
計数値　122
欠測値　107, 108, 109
コピー　87
コマンド　2, 127
固有値　118
固有ベクトル　118
コンソール　29
コンバイン　54

索引

【さ行】

最小値　69
最大値　69
散布図　88, 89
サンプル・データ　76
シグマ　35
自作の関数　65, 66
四則演算　29
重回帰分析　126
修正項　41
樹状図　116, 117
主成分　118
主成分分析　118, 120
親和図法　113
スタージェスの公式　83
スラッシュ　33
正規分布　44
整数　35
説明変数　126
相関係数　76, 80
相関係数行列　118
対応分析　121, 122, 124, 125

【た行】

タイトル　83
　──変更　85
ダウンロード　7
足し算　32, 67
タッチタイピング　7
タブ区切り　93, 94, 103
単回帰分析　126

定数　49, 50
データ　35, 49
　──の個数　35
　──ファイル　91
デンドログラム　116

【な行】

塗りつぶし　84
ネイピア数　44

【は行】

バイプロット　120
範囲　69
引き算　33
引数　43
ヒストグラム　2, 83, 84
表形式　59
標準偏差　73, 75
不完全な式　36, 37
フリーソフト　16
プロンプト　30, 31
分散　1, 71
分散・共分散行列　118
平均　1, 68
　──値　34, 37
平方　39
平方根　1, 43
ペースト　88
ベクトル　49, 56
　──型　64
偏差　39

偏差平方和　　38, 39, 71
変数　　49, 52
保存　　87

【ま行】
マトリックスデータ解析法　　121
ミラー　　11
メタファイル　　87
メモ帳　　91, 92
目的変数　　126

【や行】
有効数字　　40

【ら行】
列ベクトル　　56

【わ行】
和　　39
割り算　　33

●著者紹介

兼子　毅（かねこ　たけし）

東京都市大学　知識工学部　経営システム工学科　講師
1961 年生まれ
1991 年　東京大学大学院工学系研究科博士課程修了　工学博士
同　年　東京大学助手
1996 年　武蔵工業大学（現・東京都市大学）講師　工学部（現・知識工学部）
　　　　経営工学科（現・経営システム工学科）

【主な著書】

『ソフトウェアの品質保証― ISO 9000-3 対訳と解説』（編，日本規格協会，1992 年），『新版 品質保証ガイドブック』（第Ⅲ部第 14 章，日科技連出版社，2009 年），『R で学ぶ多変量解析』（日科技連出版社，2011 年）

ゼロから始める R
―四則演算から多変量解析まで―

2015 年 11 月 25 日　第 1 刷発行
2017 年 6 月 5 日　　第 2 刷発行

　　　　　　　著　者　兼　子　　　毅
　　　　　　　発行人　田　中　　　健

　　　　　　　発行所　株式会社　日科技連出版社
　　　　　　　〒151-0051　東京都渋谷区千駄ヶ谷5-15-5
　　　　　　　　　　　　　DSビル
　　　　　　　　　　　　　電　話　出版　03-5379-1244
　　　　　　　　　　　　　　　　　営業　03-5379-1238

検印省略

Printed in Japan　　　印刷・製本　株式会社 リョーワ印刷

ⓒ *Takeshi Kaneko* 2015
ISBN 978-4-8171-9566-1
URL http://www.juse-p.co.jp/

本書の全部または一部を無断で複製（コピー）することは，著作権法上の例外を除き，禁じられています。